辣椒育苗及栽培灌溉模式

张少平　张明辉　等　编著

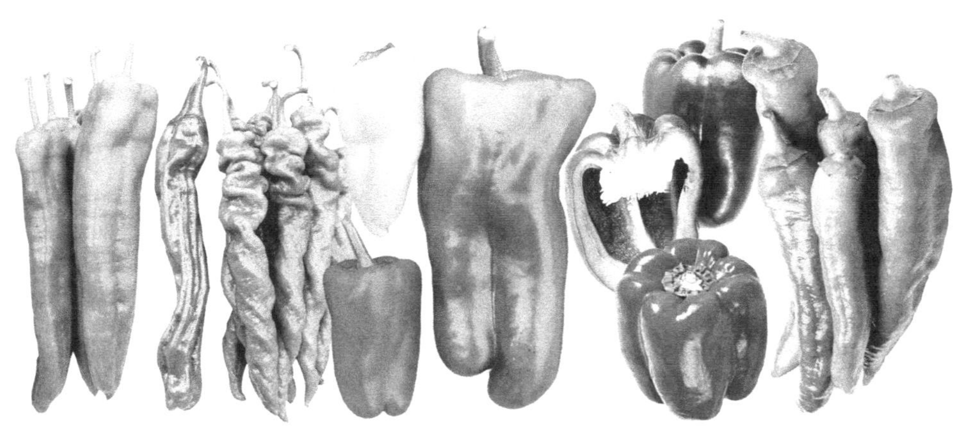

中国农业科学技术出版社

图书在版编目（CIP）数据

辣椒育苗及栽培灌溉模式 / 张少平等编著. -- 北京：中国农业科学技术出版社，2025. 4. -- ISBN 978-7-5116-7313-8

Ⅰ. S641.304；S641.3；S275

中国国家版本馆CIP数据核字第2025BE5873号

责任编辑　李冠桥
责任校对　王　彦
责任印制　姜义伟　王思文

出 版 者　中国农业科学技术出版社
　　　　　北京市中关村南大街12号　邮编：100081
电　　话　（010）82109705（编辑室）　（010）82106624（发行部）
　　　　　（010）82109709（读者服务部）
网　　址　https://castp.caas.cn
经 销 者　各地新华书店
印 刷 者　北京捷迅佳彩印刷有限公司
开　　本　170 mm × 240 mm　1/16
印　　张　13.5
字　　数　255千字
版　　次　2025年4月第1版　2025年4月第1次印刷
定　　价　80.00元

资助项目

福建省公益类竞争性项目（2024R1077）

福建省公益类科研院所专项（2021R1030007；2023R1028004）

福建省农业科学院青年创新团队项目（CXTD2021006-3）

《辣椒育苗及栽培灌溉模式》

编著委员会

主 编 著 张少平 张明辉

编著人员 张少平 张明辉 赖正锋 林碧珍

鞠玉栋 李 洲 练冬梅 姚运法

袁素素 洪建基

前　言

辣椒为茄科辣椒属，原产中南美洲，传入中国已有400多年的历史。辣椒被广泛用作蔬菜和调味品。中国是全世界辣椒种植面积最大、产量最高的国家，辣椒也是中国种植面积最大的蔬菜作物之一。为实现辣椒大规模商品化种植，育苗是生产过程中的一个重要技术环节，也是获得辣椒早熟、高产、优质的有效调控手段；同时，随着全球淡水资源变得日趋紧缺，评价一个国家的农业生产力水平，除了产量因素外，更看重的往往是这个国家对灌溉水的有效利用程度，即做到节约用水的同时实现辣椒高产。因此，需要大力发展辣椒生产过程中育苗技术，并优化灌溉模式。

为更好地发展辣椒产业，编著团队撰写了《辣椒育苗及栽培灌溉模式》一书。编著团队根据多年来从事辣椒种植实践及生产研究，同时在总结前人经验与成果的基础上，全面阐述了辣椒育苗及栽培过程中的灌溉模式。辣椒育苗过程主要详细论述了辣椒穴盘育苗研究、辣椒育苗移栽机研究、辣椒育苗基质筛选和辣椒育苗及幼苗生长；辣椒栽培过程中的灌溉模式主要论述了节水灌溉及其理论研究、辣椒灌溉制度、辣椒定额灌溉研究、辣椒灌溉上下限研究、辣椒时空亏缺灌溉、辣椒膜下滴灌调亏灌溉、辣椒不同灌溉方式比较、辣椒微咸水处理灌溉、辣椒再生水灌溉、辣椒不同埋深管灌溉、辣椒不同压力灌溉。本书力求普及推广辣椒生产过程中育苗及灌溉模式等相关知识，帮助广大辣椒种植户、生产企业、专业技术人员和科研工作者解决生产实际问题，为进一步提高辣椒生产水平提供理论和实践指导。

本书由福建省农业科学院亚热带农业研究所特色蔬菜研究室的科研工作者根据多年的科研成果，结合生产实践以及参考大量国内外文献系统撰写而成。全书由张少平拟定撰写目录并负责组织全书撰写和出版等工作，本书共25.5万字，其中张少平完成总字数的59%，张明辉完成总字数的40%，赖正锋和林碧珍对本书的出版提供了项目经费的支撑，鞠玉栋、李洲、练冬梅、姚运法、袁素素和洪建基等对本书的撰写和修改提供了宝贵的意见及建议。本书在撰写过程中，广泛参考了国内外专家和学者的学术论文，同时汲取了广大种植户及生产企业的实践经验，内容较为丰富，理论部分也通俗易懂，相关研究进展及时跟进，可供辣椒种植和经营专业户使用，也可供研究者和农业院校师生学习参考，以期帮助广大读者深入了解辣椒育苗及栽培过程的灌溉模式等相关研究内容。

本书的出版得到了福建省公益类竞争性项目、福建省公益类科研院所专项和福建省农业科学院青年创新团队项目等资助，在此表示感谢。

由于时间仓促，编著者水平有限，书中疏漏和不妥之处，敬请专家、同人和读者批评指正。

编著者

2025 年 1 月

目　　录

第一章　辣椒穴盘育苗研究 …… 1

第一节　穴盘规格和基质选配 …… 2

第二节　光环境 …… 4

第三节　温度及浇水量影响 …… 7

第四节　施肥影响 …… 8

第二章　辣椒育苗移栽机研究 …… 11

第一节　国内外移栽机研究现状 …… 12

第二节　链夹式辣椒移栽机设计 …… 14

第三节　辣椒苗自动移栽机设计 …… 20

第三章　辣椒育苗基质筛选 …… 26

第一节　秸秆和菇渣组合基质 …… 27

第二节　草炭复配基质 …… 31

第三节　生物炭代替草炭复配基质 …… 36

第四章　辣椒育苗及幼苗生长 …… 41

第一节　基质及肥料对辣椒幼苗生长的影响 …… 42

第二节　基质及环境对辣椒幼苗生长的影响 …… 44

第三节　基质添加辣椒秆生物炭对辣椒幼苗生长的影响 …… 47

第五章　节水灌溉及其理论研究 …… 50

第一节　节水灌溉概论 …… 51

第二节　节水灌溉理论研究进展 …… 55

第六章　辣椒灌溉制度 …… 60

第一节　不同水分处理对辣椒生长的影响 …… 61

第二节 水分对温室辣椒生长关键指标综合评价 …………………… 63
第三节 温室辣椒生产适宜土壤含水率优化 …………………… 64
第四节 温室辣椒合理灌溉水量动态优化 …………………… 66

第七章 辣椒定额灌溉研究 …………………… 70
第一节 膜下滴灌定额无土栽培 …………………… 71
第二节 膜下滴灌定额土壤栽培 …………………… 75
第三节 不同灌溉定额及种植方式栽培 …………………… 81

第八章 辣椒灌溉上下限研究 …………………… 85
第一节 辣椒滴灌灌水量下限研究 …………………… 86
第二节 辣椒渗灌管埋深灌溉下限研究 …………………… 90
第三节 辣椒灌水控制上限研究 …………………… 94

第九章 辣椒时空亏缺灌溉 …………………… 98
第一节 生长生理指标影响 …………………… 100
第二节 产量品质及水分利用效率 …………………… 105
第三节 时空亏缺灌溉最优模式 …………………… 108

第十章 辣椒膜下滴灌调亏灌溉 …………………… 111
第一节 辣椒全生育期水分亏缺研究 …………………… 112
第二节 辣椒苗期、盛果期及后果期水分亏缺研究 …………………… 118
第三节 辣椒苗期、苗期和盛果期或后果期水分亏缺研究 …………………… 122

第十一章 辣椒不同灌溉方式比较 …………………… 129
第一节 辣椒渗灌、滴灌及沟灌比较 …………………… 130
第二节 辣椒膜下滴灌及畦灌比较 …………………… 138

第十二章 辣椒微咸水处理灌溉 …………………… 144
第一节 微咸水与淡化水混灌和轮灌种植辣椒 …………………… 145
第二节 不同浓度淡化微咸水灌溉辣椒 …………………… 150

第十三章 辣椒再生水灌溉 …………………… 158
第一节 再生水和自来水不同灌溉定额 …………………… 160

第二节　不同水质、灌溉定额和施肥量 …………………………………… 163

第十四章　辣椒不同埋深管灌溉……………………………………………169

第一节　膜下滴灌无土栽培辣椒 ………………………………………… 170

第二节　痕量灌溉土培辣椒 ……………………………………………… 173

第三节　渗灌土培辣椒 …………………………………………………… 176

第四节　微润管土培辣椒 ………………………………………………… 180

第十五章　辣椒不同压力灌溉………………………………………………183

第一节　微润管不同压力灌溉 …………………………………………… 185

第二节　小流量微压滴灌 ………………………………………………… 187

第三节　连续负压供水 …………………………………………………… 192

主要参考文献…………………………………………………………………197

第一章 辣椒穴盘育苗研究

中国种植辣椒历史悠久，辣椒育苗是生产过程中的一个重要技术环节，也是辣椒早熟、高产、优质的有效调控手段。早期辣椒育苗设施简陋，防寒保温和遮阳降温效果差，影响幼苗生长发育，培育出的秧苗质量不高。播种苗及嫁接苗大多利用自然光照的温室或苗圃进行生产。温室育苗存在很多问题，导致在传统的温室环境下生产的辣椒苗品质差，存活率低。工厂化育苗受自然条件影响小，作物生产计划性强，生长速度快、周期短，自动化程度高，无污染，同时采用多层式立体栽培方式，土地利用率可比传统平面栽培提高 3 ～ 5 倍，已经成为近年来研究的重点。目前，我国农业正处在一个从传统农业向现代化农业转变时期，育苗产业已进入商品化生产阶段，但仍存在着一些制约种苗工厂化生产发展的因素。加快辣椒生产设施化、规模化，深入开展辣椒育苗实用化等方面的研究和推广迫在眉睫。从国内外的总体研究状况来看，工厂化育苗方面的研究还有待进一步深入。尽管欧美等发达国家对工厂化育苗研究比较早，但每个国家在种苗商业化生产上仍然以传统农业方式为主。因此，加强辣椒工厂化育苗方面的研究，无论从学术价值还是从商业价值上看，都有其必要性和迫切性。植物工厂作为目前最高水平的设施农业生产方式，是继温室栽培之后发展的一种高度专业化、现代化的设施农业。密闭式育苗系统是采用自动化控制手段，使幼苗在最佳环境下，生长达到高效、快速整齐、优质的一种植物工厂。它是育苗技术发展到目前的一种新形式，适合于各种植物种苗的集约化与工厂化生产，能培育出较高的商品率种苗，是工厂化育苗的高级阶段。它摆脱了自然条件的束缚和地域限制，是传统农业走向现代化农业的一个标志。但是就我国目前情况而言，密闭式育苗系统推广普及很难。第一，密闭式育苗系统是一项跨学科、跨领域的综合技术系统工程，通过人为控制温、湿、水、肥、气等生物环境因子，科技含量较高，人们普遍接受很慢。第二，国外在工厂化育苗室内作物生长发育与环境因子关系等方面的基础研究已进入定量化和模型化阶段，而我国在这方面的研究还相对落后，与其他国家相比工厂化育苗的发展推广普及的速度还很慢。第三，我国对现代化育苗设施的技术核心和关键技术，例如，环境控制技术、无土栽培技术、水肥调配技术等方面开始研究比较晚，与国外有一定差距，同时，一些关键设备及装置还依赖于进口。第四，前期投入成本高和能耗大是阻碍密闭式辣椒育苗设施推广普及的重要因素。而采用全光照自动化穴盘育苗箱，自然光和人工光并用，可根据辣椒幼苗不同生育时期的条件进行自动化管理，生产壮苗。同时由于培育的辣椒幼苗是全根系的，移栽后无缓苗期，定植后能够直接进入生长期，提前开花结果，提早上市，经济效益突出。同时该产品成本低廉，使用方便，弥补了小农生产的不足，可顺利过渡到大型工厂化育苗的推广普及，对提高农民收入和推进绿色农业发展具有很重要的现实意义。

无土穴盘育苗是以草炭、蛭石及作物秸秆等轻质材料为育苗基质，在温室等可控环境条件下，采用精量播种机、移动式灌溉施肥机等工业化操作设备，一次成苗的现代化育苗体系，具有省工、省力、节约能源及便于规模化管理等优点。自美国成功开发了穴盘育苗生产技术体系并在欧美等发达国家推广普及应用至今，穴盘育苗技术开始被广泛运用到蔬菜和花卉等。穴盘育苗的需求量在不断扩大并有巨大的市场潜力，穴盘育苗改变了蔬菜传统生产方式和种植制度，最终将取代传统的育苗方式，成为未来农业发展的趋势。目前，穴盘育苗技术体系已经日趋成熟和完善，相关研究主要针对育苗的各个环节进行，以期达到更好的效果。自 20 世纪 80 年代我国引进这一技术以来，广大农业科技人员根据我国种苗生产的特点，开始摸索适合我国穴盘苗工厂化的育苗技术体系，在穴盘规格、育苗基质选配，光照强度、温度以及肥水管理等方面做了不少工作。

第一节　穴盘规格和基质选配

辣椒穴盘育苗除了对基质选配有一定要求外，对穴盘规格也有要求。

一、穴盘规格

穴孔大小对种苗生长影响很大，穴格大则容积大、基质多，通气性能佳，幼苗生长快，单位面积种苗产量低；穴格小则基质少，通气性差，生长易受阻，但单位面积种苗产量高。因此穴盘规格的大小直接影响着种苗的质量和产量。有研究表明，通过选取5种营养型育苗基质和3种规格的穴盘育苗，得出辣椒育苗以72孔为宜。在研究工厂化育苗中不同规格穴盘对青菜幼苗生长发育的影响中指出，288穴盘幼苗的根钵形成都快于128穴或200穴盘的幼苗，但幼苗生长呈早衰、徒长的趋势，而这种趋势在夏季育苗中显得更为明显。研究不同规格穴盘育苗对大白菜生长及产量的影响，得出夏秋季72孔和秋冬季50孔的穴盘育苗栽培增值效果最佳。有研究分析不同育苗基质种类和穴盘规格对辣椒、茄子幼苗生长发育的影响后，提出基质种类对幼苗生长发育影响较大，而穴盘规格对幼苗生长发育差异不明显。有研究揭示在辣椒工厂化育苗中，远距离运输选用72孔为宜。

二、基质配方

基质的选择是培育壮苗和缩短育苗时间的关键。基质从来源上可分为天然基质（如石砾、沙子）和合成基质（如岩棉、泡沫塑料等）；从化学组成又可分为无机基质（如沙子、石砾、蛭石、珍珠岩等）和有机基质（如泥炭、腐熟树叶、菌渣等）；从特性上可分为活性基质（如蛭石、泥炭）和惰性基质（如岩棉、沙、泡沫塑料、石砾）；按照物理性质可分为持水力强的基质（如草炭、微纤维等）、空气含量大的基质（如珍珠岩，岩棉等）和其他有机基质（如树皮、锯末、甘蔗渣等）。基质在穴盘育苗中起到固定根系、保护根系和促进根系生长的作用，各地可用作基质的材料很多，可以就地取材。目前我国通常用草炭、蛭石、珍珠岩、炉渣灰、蘑菇渣、细沙、炭化碧糠和锯木屑等作为蔬菜无土育苗基质，而在国外利用岩棉育苗比较普遍。由于用草炭、蛭石、珍珠岩等作育苗基质成本较高，且分布有地域性，所以国内外纷纷研究一些资源多、价格低廉的基质来替代草炭等。菇渣是栽培各种食用菌后剩下的出菇料，菇渣中含有较高的有机质及氮、磷、钾等，可为作物生长提供丰富的营养物质。菇渣已被认为是一种很好的潜在草炭替代资源，又通过对不同菇渣理化特性和复配基质配方的比较研究，均可配制出适宜的菇渣基质配方。有研究指出醋糟不适合作为穴盘育苗基质，而菇渣可替代草炭用于穴盘育苗，并提出冬春季节育苗的适宜基质有草炭：蛭石 = 2∶1 或平菇废料：草炭：蛭石 = 1∶1∶1，而夏季育苗的适宜基质有草炭：蛭石：珍珠岩 = 1∶1∶1 或草炭：蛭石：珍珠岩 = 1∶1∶1。研究以锯末为主的复配基质对番茄幼苗生长发育的影响表明，以腐熟锯末为主育苗番茄时，不出现幼苗黄化和出苗不齐现象。

近年来，国内科研工作者对辣椒育苗效果的基质研究比较多，得到了多种使用效果较好的基质配方。通过对木薯渣复合基质理化性状分析和辣椒穴盘育苗试验，发现该复合基质可用于辣椒的无土栽培穴盘育苗。用玉米秆、菇渣、中药渣、土、膨化鸡粪、猪粪配制多种比例的辣椒穴盘育苗基质，结果发现菇渣：玉米秆：土：猪粪 = 2∶2∶1∶0.5 或中药渣：泥炭：土：膨化鸡粪 = 2∶2∶1∶0.01。这两种复合基质育苗的形态指标和生理指标总体上要好于其他处理。研究用玉米秸秆作为育苗基质材料，与草炭：蛭石 = 2∶1 作比较，发现用发酵的玉米秸秆：蛭石 = 2∶1 的基质处理，其幼苗形态指标和壮苗指数效果最好。研究利用复合基质如蛭石：有机肥：炉渣灰 = 7∶2∶1 育苗的效果明显优于草炭：蛭石 = 2∶1，幼苗期表现为干物质积累多且壮苗指数高。通过进行菇渣和蛭石不同配比试验，发现适合辣椒育苗的基质配方是菇渣：珍珠岩 = 3∶1 或菇渣：蛭石 = 4∶1。通过利用当地废弃资源，进行菇渣、腐熟玉米秸秆、锯末和辣椒秸秆等有机基质研究，成功开发出效果较好的育苗基质配方。

第二节　光环境

辣椒穴盘育苗对光照条件有一定要求，光质、补光时间和补光强度等对辣椒穴盘育苗期幼苗生长均有影响。

一、光照强度的影响

万物生长靠太阳，光照能使辣椒幼苗进行正常的光合作用，并具有杀菌效果，所以光照强度是影响辣椒幼苗生长的重要因素之一。辣椒幼苗生长必需的光合有效光量子流量一般为 250 ～ 350μmol/（m^2・s）。晴天夏季温室内白天自然光的光合有效光量子流量，正午前后可以达到约 1 000μmol/（m^2・s），这个值对于幼苗的生育是过强的，另外，阴雨天的光合有效光量子流量，即使正午前后也经常下降到 200μmol/（m^2・s）以下。自然光下光合有效光量子流量动荡，保持在 250 ～ 350μmol/（m^2・s）有效。有研究表明，光照强度越大，植物叶片数越多，光强对株高、叶面积和植株的总干物重影响较大；在弱光条件下，植株的叶面积缩小，而叶面积的变化与光合产物的形成有显著相关性，同时弱光下植物茎粗与干物重比较适宜光照强度条件下更小。辣椒要求中等的光照强度，光饱和点约为 3 万 lx、光补偿点为 1 500lx，较耐弱光。光强对辣椒幼苗的光合作用表现在一定光强范围内，随着光强的增加，光合速率相应提高，当光强达到植物光补偿点时，叶片的光合速率等于呼吸速率，在光强达到植物光补偿点之前，光合速率随光强的增强呈直线性增加，随着光照强度的进一步增加，光合速率上升幅度减小，当达到光饱和点时，光合速率不再增加，超过光饱和点后，光合速率随光强增加而下降，发生光抑制现象。研究不同光照强度对辣椒光合特性和生长发育的影响发现，适度遮阳可提高辣椒的净光合速率和产量。叶片中叶绿素和类胡萝卜素两者含量均随光强的减弱而增加。一般认为，在弱光条件下会引起叶绿体发育不正常，排列混乱，叶绿体超微结构遭到破坏，同时叶绿体数量减少，光合速率和呼吸强度下降。利用遮光方式使光照强度降低，研究弱光对辣椒幼苗形态和生理指标影响，发现弱光下辣椒幼苗同化物合成与积累受到抑制，辣椒叶片叶绿素含量增加而叶绿素 a/b 的比值下降。通过对不同基因型辣椒进行研究，发现小果型辣椒的耐弱光性普遍强于大果型甜椒，弱光环境下相对壮苗指数较高和净光合速率下降较少的辣椒具有耐弱光的优势。

二、光质及补光材料的影响

近年来，利用人工光源栽培植物已经直接用于植物栽培的照明、补光和形态调节的实际生产中。人工光源一般有 4 种，白炽灯被最早应用到植物生产当中，白炽灯依靠高温钨丝发射连续光谱，但大部分为红外线，其中红外辐射的能量占总能量的 80%～90%，红橙光占总辐射的 10%～20%，而蓝紫光所占比例更少。因此，白炽灯能被植物吸收进行光合作用的光很少，发光效率比较低，目前只作为一种辅助光源。荧光灯是一种低压气体放电灯，玻璃管内充有水银蒸汽和惰性气体。荧光灯主要用于组织培养和种苗生产等人工光植物生产系统。它的光谱成分中生理辐射量比较大，能被植物吸收的光能占辐射光能的 75%～80%，光利用效率高，且荧光灯的表面温度只有 40℃左右，可对植物近距离照射。金属卤化物灯由透明玻璃外壳和耐高温的石英放电管组成，放电管内除汞蒸汽外，还添加了溴化钠、碘化钠等金属卤化物，其发光效率为 80～120lm/W，光谱成分中青色光成分较多且近似于自然光光谱，常用于果树等植物的补光照明。高压钠灯是一种高强度放电灯，含有较多的红橙光和较少的蓝绿光，在植物生产中使用最为普遍，但是高压钠灯和金属卤化物灯的功率大，发光效率好，其表面温度高达 160～180℃。因此，为避免高温，它们要与植物栽培面保持 1～2m 的高度，这样就造成了光利用效率偏低，且不适宜用于组培苗和穴盘苗生产中。近年来，研究人员把发光二极管（LED）和激光（LD）应用到植物生产中，并得到了很好的效果。随着现代植物工厂的发展和需求，必将有更多种类的新光源和器具应用到植物生产照明中来。有研究通过荧光灯个数和开启时间对番茄和黄瓜幼苗生长发育中补光强度及补光时间控制，发现在光照强度为 8 400lx 下补光 2h 可以促进幼苗生长，补光后番茄和黄瓜苗茎粗均大于株高，但番茄有利于地上部生长，而黄瓜则有利于地下部生长。研究通过不同光质对番茄幼苗生长期间处理，结果表明，在苗期照射红光或蓝光，可促进番茄幼苗的生长，番茄生理指标良好，有利于培育壮苗。有研究通过在温室覆盖材料中加入红外光的选择性光质吸收剂，发现在红光：红外光 = 1.5∶1 条件下，幼苗的茎伸长受到抑制。

第三节　温度及浇水量影响

温度和浇水灌溉均对辣椒穴盘育苗的生长具有重要影响。其中温度不仅影响辣椒穴盘育苗过程中的生长发育，同时对植物光合作用也具有重要影响；浇水灌溉中的水分供应更是辣椒穴盘育苗的重要因素之一。

一、温度影响生长发育

温度是影响植物生长发育的最基本要素之一，植物需要有一定量的活动积温才能完成一定生长量或某一个生育时期。辣椒性喜温暖，对温度反应敏感，15℃以下生长发育受阻，10℃时光合作用停止甚至会发生冷冻害。研究发现，用10～15℃的低温处理辣椒，并对处理时间长短进行比较，发现株高、茎粗、叶片数和叶面积的抑制作用与处理时间成正比。一般情况下，低温往往伴随着弱光，这会对辣椒幼苗和成苗植株造成更大的危害。研究发现，用低温弱光处理辣椒幼苗，发现株高、茎粗、叶面积、叶片数和根干鲜重均表现出不同程度的降低，如果在光强相同的条件下进行低温处理，辣椒幼苗会造成更大的伤害，所以建议在辣椒生长发育的初期要提高温室大棚内的温度，减少低温危害，使种苗达到壮苗标准。研究发现，将辣椒植株分别在25℃/15℃和20℃/10℃（分别为昼夜温度）处理下，发现温度高的处理辣椒出现植株较高、叶片薄、茎秆偏细等现象，温度低的处理植株相对长势较强壮一些。对低温逆境下辣椒根系的研究发现，根系总长度均呈下降趋势，根系直径呈现先升后降趋，并且根系膜脂不饱和脂肪酸含量逐渐增加，饱和脂肪酸含量逐渐降低。也有研究表明，辣椒幼苗进行低温胁迫处理时，其叶片中可溶性糖、可溶性蛋白及脯氨酸含量均增加，且增加幅度与耐低温性强弱成正比，这可能与辣椒自身的环境和遗传特性有关。虽然在温度逆境危害中对低温胁迫的研究报道较多，但高温胁迫同样存在不可忽视的危害。

二、温度影响光合作用

光合有效温度是指光合作用随着温度的升高而增强的一段温度，光合最适温度是指当光合强度达到最大不能再升的温度，光合作用的最适温度和辣椒种类及其生长环境条件有很大关系。进行辣椒低温弱光处理试验，发现植株光合机构的异常，光合作用被破坏，同时碳循环及气孔的开闭也受到影响，弱光下植株光合速率下降幅度与低温成正比。

高温胁迫下，植株光合作用也显著降低。有研究表明，高温胁迫植株叶片叶绿素含量下降的原因与植物叶绿素生物合成的中间产物 5- 氨基酮戊酸和原卟啉以及植物体内活性氧产生有关。

三、浇水灌溉的影响

辣椒种苗在不同生长期对水分要求并不相同，适宜的水分可以提高育苗质量，增大前期产量，而供水太多或太少都会影响种苗的健康生长。供水方式有上方灌溉和下方灌溉两种，在工厂化（大棚和温室）育苗中，微喷灌是工厂化育苗的主要措施。水分胁迫影响植物的生理生态过程，可导致水分代谢失调、物质代谢紊乱，光合作用和呼吸作用等受到严重影响。通过每天对辣椒进行不同的浇水量，发现辣椒叶片的组织水、自由水的含量及自由水和束缚水的比值随着水分胁迫程度的加深急剧降低。在夏季自然高温条件下，对辣椒幼苗进行自然干旱处理，通过盆栽试验测定种苗形态指标和生理指标，发现干旱时间越长，供试辣椒小苗株高增长越缓慢，叶片相对含水量和叶绿素含量呈显著下降趋势，而脯氨酸含量呈增加趋势，为辣椒水分管理提供了理论依据。随着目前水资源的紧缺和蔬菜用水矛盾的日益突出，温室栽培中也开始运用研究节水灌溉技术。有研究提出“负压灌溉系统”学说以后，研究者利用常压滴灌和负压滴灌在基质含水率下进行辣椒育苗，发现负压灌溉条件下辣椒苗的根系发达健壮，同时在水分和养分获得、定植后缓苗，地上、地下部的干重及叶绿素含量等方面均优于普通灌溉方式。

第四节　施肥影响

辣椒穴盘育苗期间幼苗生长所需肥料主要以氮肥为主，而采用氮、磷、钾肥料按一定比例复配，可使辣椒幼苗生长更健壮，从而提高幼苗质量。

一、氮肥的影响

在无土育苗过程中，基质中的不同施肥量是影响幼苗健壮生长的关键因素。不同蔬菜种类在不同生长期需要不同营养元素，适宜的施肥量可以提高育苗质量，过多或过少都会影响种苗的健壮生长。另外，不同的作物，在不同育苗基质种类及配比情况下，均对施肥量有很大影响。蔬菜产品中的矿物质及营养成分含量与蔬菜种类自身的遗传特性和土壤中的矿物质、灌溉水质等有很大关联。很多研究表明，元素的添加对苗期的影响最大。通过在辣椒苗期施加不同氮量的研究试验，发现施氮量在25mg/L和225mg/L时，幼苗均长势良好，但施氮量在300mg/L时，幼苗长势较弱，因此幼苗施氮量在一定范围内才可以促进生长。幼苗适宜施氮量不等同于最佳施氮量，幼苗最佳施氮量可以使茎强度降低，进而提高植株成活率。

二、氮、磷、钾复合

目前人们习惯于用3种方式对穴盘苗进行施肥。第一种是把氮、磷、钾等复合肥料直接掺入原始育苗基质配方中。有研究指出，在以草炭：蛭石：珍珠岩＝6∶3∶1的原料育苗基质中，增施磷肥可使幼苗株高和干物重增加，有利于培养壮苗，并且找出在此育苗基质配方下番茄、茄子和辣椒施加N、P_2O_5、K_2O的最佳使用量。同时在基质选用草炭：蛭石：珍珠岩＝6∶2∶1下，进行不同施肥量的西瓜生长及养分吸收影响试验中也得到相同的结论，并为供试育苗基质提出最佳施肥量是N 0.4kg/m^2、P_2O_5 0.4kg/m^2、K_2O 0.1kg/m^2。第二种是叶面喷施肥法，是指将含有作物营养成分的有机或无机营养液，按一定的剂量和浓度，喷施在植物的叶面上，直接或间接为作物供给养分，也称根外施肥。叶面肥按照功能和作用可以分为营养型、调节型、生物型和复合型四大类。营养型类叶面肥中氮、磷、钾以及微量元素含量较高，主要用于作物生长后期的营养补充。调节型类叶面肥主要调控作物生长发育，适用于植物生长前期和中期。生物型类主要是刺激作物生长，促进作物代谢。复合型类叶面肥功能多种，既能提供营养，也能刺激生长调控发育，对多种作物均有较显著的增产效果。在穴盘育苗中，一般主要以喷施营养液的方式为幼苗提供营养。近年来，有不少学者对营养液配方进行研究和探索。有研究指出，使用专用叶面营养液可以使瓜类蔬菜提高养分吸收利用，具有降低硝酸盐、改善作物品质的功效。研究营养液对辣椒产量和品质的影响发现，不同营养液对辣椒产量影响较大，对还原糖含量影响不显著。有通过对 872 太空甜椒叶面喷施 3 种不同营养液的研究，结果表明“植物动力 2003”营养液肥在提高果实必需氯基酸、可溶性糖、粗脂肪、粗蛋白质和维生素等方面效果更好。第三种是采用营养液循环施肥的方法，施肥的机理就是使营养液流不断通过穴盘底层。我国有在水中成功进行基质栽培的经验，国外也有研究报道使用浸盘方式浇灌种苗，能提高种苗的株高、茎粗、鲜重及紧密程度等。由于营养液循环施肥比较省时省工，方便管理，所以现在生产上大多采用这种方法进行育苗施肥。

第二章　辣椒育苗移栽机研究

辣椒作为鲜食和加工均表现出较高的实用价值。我国是全球最大的辣椒生产国，总产量约占全世界的40%。辣椒作为全球范围内食用最多的香辛料，深受世界人民喜爱。不仅如此，辣椒在工业及医疗方面开发前景广阔，具有较高水平的综合利用效益。

随着产业升级以及农业机械化的大力推进，未来辣椒种植将进一步向机械化和规模化方向发展。而目前我国还尚未形成大规模农机化种植模式，农作物种植普遍依赖于人工，这大大降低了种植效率，在农作物管理以及收获方面均难以达到预期水平。再加上机具故障率高、劳动强度大等一系列因素，辣椒产能始终没有得到显著提升。在农村劳动力逐步向城市转移的大前提下，未来辣椒机械化种植是必然趋势。从经济效益方面看，辣椒作为经济作物受其自身特性与生长环境的影响，生产成本相较于普通农产品偏高，目前我国主产区商品辣椒还未形成规模化机械种植，辣椒生产还是依靠人工种植及采收，生产成本还有很大的下降空间。根据辣椒主产区每亩①收益情况、辣椒种植人工成本及辣椒主产区每亩生产成本等综合数据分析表明，辣椒的整体收益处于较高水平，如果形成机械化规模种植，将进一步降低生产成本，利润还有很大的上升空间。从社会效益方面看，辣椒可以制成多种加工制品，如辣椒面、泡椒等，从而形成了一系列后处理加工企业，可提供就业机会，促进农民增收。

移栽机核心有栽植机构和取苗机构，从栽植形式层面来看，基本有链夹式和吊篮式等多种类别。每类形式分别包含对应的机型。然而由于机具表现出较低水平的通用程度，且功能体现片面性，因此难以同实际农艺需求相互

---

① 1亩约为667m^2，全书同。

适应，移栽质量无法得到有效保证。对比整个机械种植体系能够发现，鸭嘴式栽植机构是其中运用且研究较为普遍的农机类型。这主要是因为该机构表现出较高的直立率以及显著的深度稳定性，在种植期间可以合理进行株距调整，在机械化移植方面具有较好效果。当前，移栽机尚未实现全面自动化，取苗阶段还需要依赖于人工，往往需要较大的人力资源投入，且取苗效率处于较低水平。

第一节　国内外移栽机研究现状

由于蔬菜作物种类繁多、特征差异明显，因此钵苗移栽技术具有较强的特殊性和复杂性，目前国内外学者和农机装备制造企业对钵苗移栽技术开展了大量研究。日本、欧美等发达国家和地区已具备相对成熟的移栽技术与设备。相较而言，由于我国对机械化钵苗移栽技术的研究起步较晚，同时我国的地理环境和气候条件复杂，导致我国与西方发达国家尚有一定差距。在当前的国际市场上，半自动插秧机是应用范围最广的膜上移栽设备，由人工完成采摘和喂苗（从秧盘取出秧苗放入机械播种机），机械手段完成播种及覆土镇压，但其移栽效率低，最低效率每行只能达到 20 株 /min。

一、国外移栽机研究现状

美国、德国及日本等发达国家对穴盘苗机械化移栽的研究起步较早，在 20 世纪初期就对人工取喂苗移栽机进行了研究，至 20 世纪末期半自动移栽机已经在农业生产领域得到了广泛应用。因移栽对象基本为幼苗和钵苗，因此机械结构参数需要进行多方面调整，整个运动性能表现出复杂性特征，因此研发初期研究进度较慢。1930 年，手工喂苗移栽机械正式研发，并在实践中进行了检验；1950 年，欧洲研发出差异化结构的半自动移栽机和制钵机，并取得了较好的实践检验成果；1970—1980 年，随着欧洲等地在农业方面重视度的提升，半自动移栽机作业已经普遍应用到实践中。在长达近 100 年的不断研究和技术突破中，发达国家的移栽技术已经升级到较高水平，农机基本实现了同农艺的有效结合，现代化移栽设备已经普遍上市。

在比较常见的几种半自动移栽机中，鸭嘴式栽植器的原理是通过人工将秧苗放入栽植器下方的苗筒中，在传动系统的带动下带有秧苗的苗筒运动至栽植器上方，此时苗筒下端打开，筒内秧苗落入栽植器中，栽植器在连杆机构的作用下入土并打开鸭嘴，在重力的作用下秧苗首先会按照预定轨迹进入到预先设置的沟内，随后以此进行覆土、镇压等系列操作，实现整个栽植过程的自动化控制。另外，一种半自动动移栽机为挠性圆盘形式，通过操作人员将秧苗放入水平运动的供苗输送带苗槽内，利用供苗输送带与竖直输送带共同夹持作用带动秧苗运动至栽植器处，挠性圆盘栽植器夹住秧苗脱离输送带并绕圆盘中心运动，秧苗转动至栽植点时圆盘张开，依靠重力落苗，随后覆土和镇压完成整个栽植过程。这种栽植器结构优点是简单且成本较低，在一定范围内株距可调；但是使用寿命不长，需要人工进行各植株之间距离的控制。

二、国内移栽机研究现状

我国对育苗移栽机的研究起始于20世纪60年代初。考虑到钵苗育秧在一定程度上受到技术的局限，因此整个研究均以较为缓慢的速度持续推进。随着国家对农业的大力支持以及对农业机械化的高度重视，钵苗移栽技术在我国开始进入高速发展阶段，同发达国家相比，我国移栽技术发展较快，前景看好。

钳夹式移栽机工作原理是通过操作员将秧苗夹在钳夹上，秧苗随着栽植圆盘转动至栽植点时，苗夹打开落入沟槽内，随后覆土和镇压完成整个栽植过程。鸭嘴式移栽机，包括了传动装置、鸭嘴装置和回转架等结构，这种栽植器动力系统简单，株距稳定并且可调，在作业过程中，鸭嘴装置始终保持竖直稳定状态，保证了作物幼苗的垂直栽植，减小了鸭嘴装置在转动过程中对作物幼苗的损伤。目前国内农机设备方面主要包括2YZ–1–6型秧苗移栽机，该设备表现出多个功能的同步执行。除此之外，还有PVHR2–E18型垄上栽植机等。吊篮式移栽机在工作期间，首先需要人为将秧苗置入上方区域的吊篮中，随后设备持续旋转，在偏心圆盘转动下，栽植器逐步下降到最低位置，此时固定滑道同移植器进行连接，并打开下部开口，栽植器内部钵苗沿着滑道落入沟中，并进行后续的覆土工作，至此整个移栽流程结束。吊篮式移栽机目前有 2YZ–40 移栽机、2ZB–6 型钵苗栽植机以及 2ZL–2 型联合栽植机等。导苗管式移栽机工作原理是由喂苗机构间歇进行投苗，幼苗进入到导苗管中后沿管体做自由落体运动，最终落入到苗沟内，苗沟主要借助开沟器进行铺设，最终进行覆土移栽。目前导苗管式移栽机包括 2ZBX 系列吊杯移栽机，该设备能够同时进行最多 6 行的移栽量，需要人工辅助数量为 7 人，最小可以进行 1 行的单独移栽，辅助人数 2 人。移栽速度 2 100 株 /（h · 行），幼苗之间距离为 20 ～ 198cm。

第二节　链夹式辣椒移栽机设计

基于我国目前在移栽机方面的技术现状以及国外移栽机构运用情况，对当今辣椒移栽机加以进一步技术改进和升级，设计一种栽植效率高、栽植性能稳定、成本较低的链夹式辣椒钵苗移栽机，并保证系统的自动性。以辣椒钵苗作为研究对象，从农机设备设计相关方面的理论研究出发，进一步就其加工制造方法进行优化设计。借助 Solidworks 及 ADAMS 等软件技术，深入进行对钵体的力学特性、栽植机构设计和栽植轨迹等多个方面要素的探究分析，立足于实际开展整机田间试验进行设备性能检验。

一、辣椒钵苗力学特性研究

在进行链夹式辣椒钵苗移栽机设计与试验研究之前，首先需要基于理论层面展开对钵体相关力学特性的全面分析。所选取的力学特性分析主要集中在对钵苗的最佳顶苗期、适合顶苗的最佳含水率以及夹持状态下两夹持片间距对苗体的损伤大小、不同材质夹持片对苗体的损伤情况等方面，旨在能够提升辣椒钵苗的顶出质量同时减少夹持装置对苗体的损伤，以保证整个移栽机构设计的合理科学性。

1. 钵苗的最佳顶苗期研究

选取辣椒苗龄分别为 15d、20d、25d 和 30d 的辣椒钵苗作为研究对象。试验通过顶苗杆将钵体从钵盘中推出，通过统计附着在钵苗根部的土壤基质重量占该钵苗土壤基质总重量的百分比来确定钵苗最佳的顶苗生长期。选择的辣椒育苗钵盘是具有 210 穴，由苯乙烯材料制作而成的钵盘，整个大小规格为 635mm×313mm，21 穴 ×10 穴，为便于培育，盘孔均为圆锥体，钵盘孔上表层圆孔大小为 ϕ23mm，下表面圆孔大小为 ϕ15mm，整个孔高度达 35mm，各个钵盘孔之间的圆心距离为 27mm。辣椒育苗时基质由泥炭土、珍珠岩和蛭石混合制成，按 1∶1∶1 进行配制。浇适量的水使各秧盘孔基质潮湿，再在表层补少许基质并将其抹平。辣椒播种后展开一系列正常环境下的幼苗培育工作，取不同苗龄辣椒钵苗展开相关的试验操作探究。

在研究不同苗龄的辣椒钵苗中，发现在苗龄低于 15d 时，由于根系生长不充分，盘根情况并不理想，因此对土壤基质的附着能力较差，钵苗被顶出时根部附带的土壤基质容易散碎，钵苗幼根与根毛没有土壤的保护极易受损，不利于钵苗的成活。20d 苗龄时，钵苗根部对土壤的携带能力增强，但仍未处于稳定状态。当苗龄达到 25d 时，盘根情况已经较为良好，与 30d 苗龄所得出的数据相比无明显差异，因此选择 25d 苗龄的钵苗进行移栽既可以满足栽植要求又能减少育苗时间。

2. 含水率对钵苗顶出性能影响

通过对不同含水率下的钵苗样品进行顶出试验，得出具体的土壤基质附着百分比重量数据，然后测试所有样品的含水率，结合两项试验所得数据，进而优选出最佳的钵苗顶出含水率。试验时培育 3 盘 25d 苗龄的辣椒钵苗：在顶苗前 3d 统一进行浇水；在顶苗前 2d 对其中 2 盘进行浇水；在顶苗前 1d 只对其中 2 盘中的 1 盘再进行浇水。以便使各盘钵苗具有不同含水率。

测试数据整理之后得出最佳顶苗期钵苗根部携带土壤基质重量百分比与钵苗含水率，结果发现，顶苗前连续浇水 3 次、2 次和 1 次的钵苗含水率分别分布在 40%、30% 和 20% 左右。当钵体含水率处于 20% 状态时，此时钵苗根部携带土壤基质百分比在 83.1% ～ 91.5% 范围内；当钵体含水率处于 30% 状态时，此时钵苗根部携带土壤基质重量基本位于 92.3% ～ 96.1% 范围内；当钵体含水率处于 40% 状态时，此时钵苗根部携带土壤基质重量基本位于 76.3% ～ 89.1% 范围内；综合对比后可以得到，当含水率控制在 20% ～ 40% 时，钵苗根部携带土壤基质重量基本位于 76.3% ～ 96.1% 范围内。因此，钵苗根部携带土壤基质重量百分比随含水率的升高呈现先升后降的变化趋势，在含水率 30% 左右时钵苗根部携带土壤基质重量百分比达到最大值。

3. 夹持装置特性试验

栽植机构是移栽机的核心部件，根据所设计的链夹式辣椒移栽机关键的移栽组件的苗夹，作为直接与钵苗接触的组件，要求夹持稳固且不伤苗。试验旨在探究钵苗处于被夹持阶段时，苗夹对钵苗的夹持及损伤情况。随机选取 25 棵苗龄为 25d、钵体含水率为 30% 的辣椒钵苗，分为 5 组，测量钵苗的茎秆直径，取平均值作为苗夹夹持的基准距离，测试苗夹在夹持钵苗状态下不同的夹持距离对夹持效果以及钵苗的损伤情况。经测量样本钵苗的茎秆平均直径约为 2mm。苗夹夹持距离分别取 1mm、2mm、3mm 和 4mm 并进行数据统计。

夹持距离取 1mm 时钵苗由于夹持距离较小，钵苗未从夹持装置中掉落，但钵苗出现严重损伤；夹持距离取 2mm 时钵苗未从夹持装置中掉落，但钵苗出现轻微损伤；夹持距离取 3mm 时钵苗基本处于未掉落且大多无损伤状态；夹持距离取 4mm 时则不能夹住钵苗。以上结果表明，在现有夹持装置基础上进行试验难以做到只依靠调整夹持距离达到既夹紧又不伤苗的目的。因此，需要对夹持装置夹持片的材料进行试验，以期达到理想的夹持效果。基于夹持间距处于 3mm 时钵苗只有少量出现轻微损伤，在此夹持间距下对不同材料的夹持片进行试验测试，以期找到合适的材料制成夹持片，达到夹紧不伤苗的预期效果。选取 EVA（乙烯 – 醋酸乙烯共聚物）、EPE（可发性聚乙烯）、橡胶、海绵 4 种材料制成的夹持片安装到夹持装置上进行试验，每种材料制成的夹持装置测试钵苗，夹持距离为 3mm。结果发现 EVA 与橡胶材质对钵苗造成了轻微损伤，EPE 与海绵材料质地较为柔软，对钵苗的包裹性较好，夹持之后均无明显损伤。但在后续使用过程中发现 EPE 材质的回复性较差，使用后容易变形且无法恢复原有形态，使用寿命较短。因此选择海绵材料效果最佳。

二、移栽机设计及原理分析

从总体设计出发，对关键机构以及传动方案展开了具体设计。利用

Solidworks 三维建模软件对链夹式辣椒钵苗移栽机进行了虚拟样机的构建和装配，对钵苗落苗的过程进行了理论分析。

1. 链夹式辣椒钵苗移栽机的总体设计

链夹式辣椒钵苗移栽机的功能是完成栽植过程中的供盘、顶苗、输送和栽植动作，将钵苗准确送至合理栽植点进行落苗，该装置的设计方案是通过后顶出式取苗，链轮驱动送苗机构与栽植机构进行栽植。根据设计及农艺要求，链夹式辣椒钵苗移栽机整机由自动供盘装置、顶苗机构、输送机构及栽植机构 4 个部分组成。其中，自动供盘装置主要由驱动顶杆、秧盘钩爪以及防滑机构组成；顶苗机构主要由驱动顶杆和顶苗杆组成；输送机构主要由安装支架、皮带轮和皮带组成；栽植机构主要由地轮、链轮箱、链轮、链条、机架及传动轴组成。

自动供盘装置的动力来自气动顶杆机构（即驱动顶杆），由自动供盘装置每次将一行钵苗顶至顶苗位置，顶苗机构随即顶出一整行钵苗落至下方输送带上，由栽植机构带动输送带运动落苗，钵苗落到苗夹上随链条运动至落苗位置，打开苗夹完成整个栽植动作。作业前，将秧盘沿安装槽向下推至秧盘最上方的方形孔挂入限位弹簧片。此时，装置处于待工作状态。工作时，驱动顶杆上的送盘爪挂入秧盘方形孔内带动秧盘向下运动至顶苗位置，顶苗装置推动顶杆向前运动将钵苗顶出，落至输送带上；电机驱动输送机构的驱动轴使钵苗逐棵落至苗夹；苗夹继续运动至栽植点打开和落苗，完成一个栽植周期。

2. 关键部件设计

自动供盘装置包括秧盘架、限位弹簧片、驱动顶杆机构、送盘爪和弹簧等部件。

秧盘架采用了折弯设计，秧盘放置在秧盘架的倾斜导轨面上，导轨面上设有限位弹簧片，能对整个秧盘起到安装定位作用。同时，耳板下方还设有一个装有弹簧的倒钩，使秧盘不会受到自身重力的影响向下滑动，从而影响供盘的准确性；驱动顶杆安装在秧盘架左右的耳板上，左右各一个，当秧盘进入取苗区域时驱动顶杆与秧盘的驱动格相配合，保证秧盘下落的精度，在驱动顶杆作用下秧盘沿导轨下移，由于导轨限制秧盘在驱动顶杆的控制下发生折弯，最终进入秧盘回收区域，完成供盘作业。驱动顶杆取顶杆直径为 φ7mm，根据秧盘规格以及送盘的运动行程，选择行程为 28mm 的小型双杆气缸，并通过连接片连接；在连接片左右分别设有一个供盘爪，接通气源时气缸可做一次往复运动，完成一次供盘。连接片上左右对称设置一个用于安装销钉的销钉孔，内径为 φ5mm；通过销钉将供盘爪与连接片连接。当供盘爪接触到驱动孔时产生转动时，连接片会与供盘爪下表面接触，产生限位作用。当双杆气缸进气阀打开时开始工作，向下推动秧盘。此时，连接片对供盘爪起到限位作用，在推力作用下供盘爪保持与秧盘垂直的状态向下运动；双杆气缸向上复位时，连接片失去限位作用，供盘爪可转动一定角度脱离第一位置驱动孔，在供盘爪上装有复位弹簧，使供盘爪始终受到拉力，随着气缸继续运动将供盘爪拉入第二位置驱动孔时，机构完成一次供盘。

3. 顶苗及送苗机构的设计

顶苗机构包括双杆气缸和顶苗杆等。单个顶苗机构一次可顶出 5 棵钵苗，根据秧盘规格，每行有 10 棵秧苗，因此在秧盘架底座上同一方向安装 2 个双杆气缸。为了方便制造，双杆气缸通过焊接的方式与顶苗杆连接。工作时，顶苗机构在电机驱动下进行往复运动，将供盘机构推下来的整行钵苗顶出，落在下方传送带上。

送苗装置主要由传送带、驱动电机、安装支架及驱动齿组成。当钵苗被顶苗机构顶出后，将平躺在传送带上，传送带由驱动电机带动驱动轴进行转动，当一个链夹落下时驱动轮转动一段距离，钵体苗将在驱动齿的带动下随着传送带向外侧输送，最终落入链夹中完成取苗和送苗作业。送苗机构中，以分流隔板为分割线在主动轴与从动轴组成的动轴驱动组件上对称设置有两组输苗器，每组输苗器包括输送带与驱动盘，分流隔板用于防止钵体苗落入两组输送带内侧卡滞，驱动电机安装在主动轴上，输送带嵌套在用于支撑驱动盘的旋转轴上，且输送带的外侧与主动轴接触，以利于主动轴驱动输送带。经测量，辣椒钵苗的高度不超过 150mm，故将输送带的宽度设计为 150mm，根据秧盘宽度设计输送带长度为 320mm。

4. 移栽机构的设计

三角链夹式移栽机构主要由链夹、链条、护苗挡板、侧挡板以及开沟护板组成。移栽机在前进时开沟器将在厢面上开出一道浅沟，链夹随着链条转动，链条由 3 个链轮张紧，形成一个直角三角形状。钵体苗通过取送苗装置后，直接落入三角的直角边链夹，同时直角边链夹与侧挡板接触使链夹夹持住钵苗；夹持住钵苗的链夹随着链条的驱动进入水平的直角边位置，由于失去了侧挡板的限制，链夹打开钵体苗落入沟槽中，最后由覆土装置完成覆土定植和移栽。

移栽机构中，动力由拖拉机驱动地轮提供，地轮轴上设有第一传动链轮与地轮轴同轴转动，通过链条带动第二传动链轮，第二传动链轮被安装在链条驱动轴上，当第二传动链轮被驱动时，动力被传递到链条驱动轴上，并驱动安装在两侧的从动链轮，从而带动苗夹随链条运动。在栽植机构的传动设计中，栽植机构两侧传动系统相同，根据农艺要求，总栽植速率为 80 株 /min，单边链夹栽植速率为 40 株 /min；栽植植株之间间隔控制为 350mm，为便于后续计算的高效性，将株距定为 0.35m。为了满足零速移栽要求，钵苗水平运动时的速度必须与地轮的前进速度大小相等、方向相反。

5. 苗夹的设计

苗夹包括钵体放置区茎秆夹持区、转轴、支撑架和安装板。钵体放置区用于放置辣椒钵苗钵体，茎秆夹持区用于放置辣椒钵苗茎秆，支撑架用于防止链条发生形变，苗夹通过安装板安装在链条上，转轴关于支撑架的纵向轴线对称设置在安装板外侧，并在每根转轴上依次设置有旋转驱动端、轴向限位区、茎秆夹持驱动区及活动钵夹，活动钵夹与钵体放置区处于同一轴向位置上，茎秆夹持驱动区与茎秆夹持区处于同一轴向位置上，旋转驱动端位于靠近安装板的一端，轴向限位区上设置有限位块，用于防止转轴在轴向上发生移动，茎秆夹持驱动区用于驱动茎秆夹持区中的夹持组件形变，从而达到夹持茎秆的效果，活动钵夹焊接在转轴上，随转轴转动用于开或关钵体放置区，达到夹苗且不损伤苗的目的。

三、移栽机关键部件仿真分析

使用 ADMAS 软件对链夹式辣椒钵苗移栽机的顶苗、输送以及栽植部分进行运动仿真，验证所设计机构的可行性，得出了钵苗经顶苗机构、输送机构作用后向栽植机构苗夹掉落的整个运动路径，同时结合其自身运动和速度曲线展开详细分析。通过对机构的仿真试验得出了栽植点的轨迹、位移变化以及链条的速度和加速度，通过分析发现链传动本身产生的多边形效应导致链速小幅度波动，但其速度曲线的走向可以看出整个栽植机构的运动大体处于稳定状态，可以认为链条所受的冲击较小，运行较为平稳，符合设计要求。使用 Solidworks 进行三维建模、装配并进行了干涉检查；对模型各部分进行了仿真试验，确定了 80 株 /min 的工作条件为整机的最佳作业效率，栽植过程平稳，可以满足零速投苗要求。对机架强度进行静应力分析，确定机架的最大应力为 71.79MPa，最大变形为 1.82mm，在设计的允许范围之内。

四、移栽机的试验研究

对各机构进行了室内试验，试验结果表明，在 80 株 /min 的作业效率下，供盘机构的偏差值在 ±1.5mm 之内；顶出力为 28N，顶出行程 45mm 时顶苗机构取得最佳顶苗合格率；输送带驱动轴转速在 48r/min，苗夹与输送带水平距离为 50mm 时，送苗机构送苗成功率最高为 81.42%；栽植机构在 28m/min 时，栽植合格率最高为 81.90%。

第三节　辣椒苗自动移栽机设计

针对现有自动移栽机高速作业时取苗与栽植机构协同作业度不高，出现钵苗漏取、漏栽及移栽效率低等问题，设计一种可在膜上作业的辣椒苗自动移栽机，实现穴盘苗的自动取喂、栽植及覆土镇压等功能，能够在膜上高速栽植的前提下保证栽种质量，充分发挥自动移栽机的工作特点，为我国旱地自动栽植机械提供装备。

一、整机设计方案

国内外自动移栽机均由自动取喂苗机构和配套栽植机构完成穴盘苗的取喂过程，该移栽机基于现有栽植方式的前提下，增加旋耕覆土功能，减少移栽前的准备工序。为保证自动移栽机作业时更加稳定可靠，在满足设计要求的基础上，分别对自动取喂苗系统及栽植系统主要工作部件进行设计与分析，明确辣椒苗自动移栽机的总体设计方案。

1. 整机设计要求

自动移栽机的核心部分是自动取喂苗系统与栽植系统，两个部分能否同步作业直接决定了自动移栽机能否正常工作，取喂苗系统与栽植系统间的配合程度直接决定了整机的工作效率。设计的自动移栽机首先要满足如下要求：穴盘苗的取投动作与栽植动作需要同步，实现穴盘苗的精准取投；移栽机能够实现穴盘苗的自动取喂苗、栽植及旋耕覆土等关键功能，减少移栽机作业前的工序；在确保栽植频率、整机结构强度满足作业条件的前提下，合理布置各部件的位置，使其具备整体结构紧凑、工作可靠的特点；设计的自动移栽机机械结构简单、实用。

2. 自动取喂苗系统方案设计

以苗龄为 60d 左右的 128 穴型辣椒苗为试验对象，为了获得取苗末端夹持苗杆的最适夹紧力，采用试验机对辣椒苗杆进行了物理特性试验，通过测量得到苗杆平均直径为 3mm。苗杆挤压力处于 25N 附近时为弹性变形阶段，径向变形量处于 0.5 ～ 1mm 时，苗杆恰处损伤临界点，即苗杆夹持力在 25N 左右时，穴盘苗杆可被完全夹紧且造成的机械损伤最小；当茎秆变形量处于 1 ～ 1.5mm 时，因苗杆与支撑底板刚性接触，挤压力呈上升趋势，此时苗杆开始破碎。因此，为避免末端执行器夹取苗杆时出现机械损伤，在设计取苗末端执行器时，最大夹持力应控制在 25N。

以自动取喂苗系统取苗动作简单、工作性能可靠为目标，将苗盘输送方式分为水平输送式和倾斜输送式。倾斜输送式苗盘与水平需要呈一定夹角，且设计的取喂苗轨迹必需符合实际作业要求，才能够保证取喂苗的准确性，但此类轨迹的实现，需要用到复杂的机械结构，研发流程烦琐。当苗盘水平输送时，机械手将首排穴盘苗取出后，苗盘输送装置将排穴盘苗依次输送至取苗位置，机械手继续第二排穴盘苗的夹取，以此方式保证穴盘苗的连续供给。苗盘水平输送方式不但能适应多种机械手的夹取，而且在实现取喂苗轨迹的同时又避免了复杂机械结构的设计。对比两种苗盘输送方式，自动取喂苗系统更倾向于苗盘水平输送的方式完成穴盘苗的连续取喂。以苗盘输送装置为水平安装，机械手在规定区域内反复将穴盘苗从苗盘取出，并按钵苗竖直向下的取出姿态进行转移并投放，避免穴盘苗转移时因姿态变化造成的穴盘苗掉落，提高穴盘苗转移时的稳定性，以此确定自动取喂苗系统对穴盘苗的转移动作。

取苗方式决定了整机的作业速度，若该系统以单个机械手取苗供单组栽植器，栽植频率达到 120 株 /min 时，取苗机械手 1s 需完成 2 株穴盘苗的夹取并投放至栽植器，就现有单机械手取苗的移栽机而言，取苗速度显然过高，极大程度降低了机具的可靠性。选用多只机械手供应单组栽植器穴盘苗，若栽植频率保持在 120 株 /min，16 株穴盘苗分两次就能被 8 只机械手取完，单次取苗耗时 4s，自动取喂苗系统有足够的时间完成一整排穴盘苗的取喂，在满足栽植速度的前提下，该系统是可以实现 120 株 /min 移栽的。利用相同取苗时间内，增加机械手的数量以降低取苗频率，将原先集中在取苗机械手上的频率问题平摊到旋转苗杯，增加自动取喂苗系统的作业时间。对比上述两种取苗方式，以提高栽植频率和整机可靠性为出发点，该机采用 8 只机械手同时夹取、同时投放穴盘苗的取喂苗方案。

3. 栽植系统方案设计

栽植系统需要适应膜上移栽，完成零速栽植的工作要求，所谓的零速移栽指栽植器入土时的水平运动速度为零，避免膜上栽植时出现脱膜、挂膜等现象，且栽植器离开土壤时的高度要大于穴盘苗的总高度，防止穴盘苗栽植后被栽植器挂倒。设计的栽植器需要适合膜上栽植，具备快速作业的能力，确保入土穴盘苗的栽植质量，因此设计的栽植系统需给整机提供作业驱动力、整机行走装置、举升装置及旋耕覆土机构。

4. 整机方案

通过分别对自动取喂苗系统与栽植系统工作方案的分析，自动取喂苗系统的作业方式为间隔成排取苗，苗的取喂动作可控，其中苗盘输送装置采用水平安装的方式。取苗时整排机械手等间距聚拢，投苗时各机械手等间距展开，最终确定采用机械手往复机构驱动整排机械手进行取喂苗。自动移栽机将栽植器前端配备旋耕覆土机构，动力由拖拉机后轴提供，完成穴盘苗移栽前的膜上覆土功能。栽植系统动力由地轮提供，自动取喂苗系统与栽植系统间采用链传动构建传动关系。利用往复机构驱动机械手完成穴盘苗的自动夹取，随后将穴盘苗转移到栽植系统内，完成穴盘苗的自动取喂、栽植及覆土镇压。

二、辣椒苗自动移栽机的设计与分析

自动移栽机中的关键部分是自动取喂苗系统和栽植系统，整机的主要工作内容是利用机械手代替人工将穴盘苗从苗盘取出，逐一送进栽植系统内，后随栽植器进入土壤。通过结合我国育苗农艺，围绕取投苗要求和影响移栽机提速的因素，分析自动取喂苗系统的理想运动状态和动作要求，设计以自动取喂苗系统配套栽植系统完成穴盘苗的取喂、栽植及覆土镇压功能的辣椒苗自动移栽机。

1. 自动移栽机整机设计

辣椒苗自动移栽机由栽植系统及自动取喂苗系统组成，自动取喂苗系统左右对称分布，可实现一膜双行往复间隔取喂苗，整机前端配备旋耕覆土机构，栽植深度可通过调节举升装置实现，采用拖拉机前牵引方式完成穴盘苗的自动取喂、栽植及覆土镇压等关键功能。

该机移栽作业时自动取喂苗系统通过传动机构驱动两侧机械手在纵向导杆上往复运动，当左侧机械手总装沿纵向导杆运动至玟苗位置时，机架左端的调节螺栓恰好碰撞左机械手总装上的锁止机构，迫使左侧机械手将穴盘苗夹持并取出苗盘，此时右端压板恰好作用右侧机械手的提苗杆，右侧机械手张开，穴盘苗随即喂入右旋转苗杯中。右侧机械手总装返回至取苗位置时，被右端调节螺栓作用，迫使右侧机械手总装取苗，此时左端压板恰好作用左侧机械手的提苗杆，左侧机械手张开，穴盘苗随即喂入左旋转苗杯中，利用此方式将钵苗往复喂入旋转苗杯，经吊篮式栽植器完成一膜双行任务。

2. 整机传动方案设计

移栽机采取拖拉机前牵引的连接方式，六方轴的动力由地轮轴提供，吊篮式栽植系统上的输入轴通过链轮与六方轴相连，旋转苗杯输入轴上的链轮通过链轮与六方轴相连，从而驱动锥齿轮带动旋转苗杯转动；吊篮式栽植系统上的链轮与自动取喂苗系统上的传动箱链轮相连，从而在实现栽植功能的同时驱动自动取喂苗系统动作，用此方法实现栽植系统与自动取喂苗系统的动作同步。

3. 自动取喂苗系统设计

自动取喂苗系统主要由机械手、锁止机构、提苗杆、分苗导轨、机架、压板、调节螺栓、连接杆、苗盘输送装置、纵向导杆和传动机构组成。两套自动取喂苗系统对称分布，由连接杆固接在一起，完成一膜双行的取喂苗任务。机架用于安装纵向导杆、压板、调节螺栓和支撑其他组件；机械手后端与传动机构相连，顶端被分苗导轨限制在导槽内，用于聚拢和分散机械手；提苗杆穿过机械手被限制在两端锁止机构上，锁止机构可在纵向导杆上往复运动；机架一端固定有苗盘输送装置，保证穴盘苗连续供应给机械手。

4. 栽植系统设计

栽植系统主要由牵引架、旋转苗杯、举升装置、地轮总装、吊篮式栽植器、旋耕覆土机构及镇压轮组成，旋耕覆土机构位于吊篮式栽植器前方，负责薄膜两侧覆土；旋转苗杯位于吊篮式栽植器上方，用于将钵苗喂入栽植器；举升装置安装在牵引架上，负责调整栽植系统与牵引架的投苗高度；地轮总装安装在牵引架后端，为吊篮式栽植器及旋转苗杯提供原动力；镇压轮安装在吊篮式栽植器正后方，负责镇压已经栽植入土的穴盘苗。各部件相互协调，共同完成穴盘苗的栽植、覆土镇压等功能。

5. 投苗高度对钵苗运动影响分析

栽植系统与自动取喂苗系统进行组装时，选择合理的安装高度对于提高机械手投苗成功率及降低穴盘苗的损伤有重要作用。机械手末端点至旋转苗杯杯口高度过大，投苗时穴盘苗自由落体所需时间较长，且穴盘苗在空中的最佳运动姿态不易维持，负面影响因素较多，降低了投苗精度，故确定机械手和旋转苗杯间的最佳投苗高度是影响整机作业效果的关键。经研究发现，穴盘苗的最佳投苗高度为 50mm，投苗过程分为：穴盘苗基质完全处于苗杯外穴盘苗基质底端与苗杯平齐；穴盘苗基质底端与苗杯平齐；基质部分进入苗杯；穴盘苗基质完全进入苗杯。因投苗时旋转苗杯始终保持横向运动，为了确保上述 4 个过程穴盘苗基质不与旋转苗杯侧壁碰撞，影响落苗姿态，故旋转苗杯走过的最大横向距离应满足一定条件。

三、辣椒苗自动移栽机田间性能试验

对样机进行田间试验，试验结果可作为评价自动移栽机设计合理性和进一步优化的重要依据。通过选用满足机械化移栽的辣椒穴盘苗作为试验对象，考虑到整机作业容易受到栽植频率的影响，故分别以 40 株 /min、60 株 /min、90 株 /min 和 120 株 /min 的栽植频率考察该机在不同栽植频率下的取喂苗性能与栽植性能。

1. 取喂苗性能试验

该辣椒苗移栽机取喂苗总成功率随栽植频率的升高逐渐降低，但取苗总成功率均不低于 93.8%，其中取苗和投苗成功率均不低于 96.8%，伤苗率最高为 3.1%。通过取喂苗性能试验说明该机能够适应不同的栽植频率，具有良好的稳定性及可靠性。

2. 栽植性能试验

相同栽植频率时，该机的指标波动幅度较小，波动值在 3.3% 范围内浮动；不同栽植频率下，各项栽植指标随栽植频率的增加而有所下降，但均符合行业标准，最大波动范围为株距变异系数的 4.6%，通过栽植性能试验说明该机可以适应不同的栽植频率，能够在保证良好取喂苗性能和栽植性能的基础上，实现穴盘苗的自动取喂、栽植、覆土及镇压功能。

第三章　辣椒育苗基质筛选

通常所讲的基质是指固体基质，起固定作物根系、促进作物营养和氧气吸收的物质。基质一般可分为栽培基质和育苗基质。20 世纪 60 年代国外已经开始开发育苗基质，到 80 年代后育苗技术逐渐推广到世界各地。这期间，中国各地从国外大量引进先进的温室和播种技术，并大量开展育苗工厂化生产。工厂化育苗最早使用的基质是岩棉，1840 年，美国人发明出岩棉基质，1968 年，丹麦的公司用岩棉作栽培基质，1970 年，荷兰人用岩棉栽培作物试验成功，进而在世界范围内推广。植物营养及生理专家们最早用沙砾栽培作物，因为沙砾较稳定及不含养分，研究养分吸收、生理代谢等较为方便。紧接着相继开发了珍珠岩和蛭石等。后来，随着可供选择的基质原材料的不断丰富，人们相继开发出了以草炭、工农业有机废弃物为主的育苗和栽培基质。至今为止，草炭仍然被世界各国认为是最优质的基质原料。20 世纪 80 年代后期以来，欧美国家相继颁布环保法规使无土栽培技术向环保型转变。植物育苗基质按照其所含组分的差异可分为有机基质和无机基质。有机基质主要包括草炭、椰糠、稻壳炭和各种有机废弃物等，无机基质包括蛭石、珍珠岩、岩棉和沙砾等。目前生产上最常用的基质包括草炭、蛭石和岩棉等。其中草炭是死亡的植物残体在沼泽中通过各种反应最终形成的有机物质，具有疏松多孔、保水透气性好、富含纤维、无病菌及便于运输等诸多优点，被广泛应用于育苗和栽培基质中；蛭石是一种天然的无机矿物，因其容重小、吸水保水性好、较稳定及阳离子交换能力高等特点，此外，蛭石经常与草炭基质混合作为常用栽培基质；岩棉是指白云石等物质经高温熔融后人工制成的无机纤维物，其优点是昼夜温差变幅小，保水透气，但成本相对较高。

基质的物理性状（如大小孔隙度、容重、气水比等）和化学性状（如 pH 值、EC、养分含量等）对基质发挥育苗作用影响巨大。基质的容重是指无挤压等外力状态下单位体积基质的干重。基质过轻，浇水时容易漂浮，不利于固定根系；基质过重，不宜搬运和长途运输；基质过小，影响通气性；基质过大，不利于保水肥，培苗不整齐。一般容重以 0.2 ～ 0.8g/cm^3 为宜。通气孔隙是指基质中大孔隙所占据的能够进行气体交换的空间，与基质的容重、粒径大小和紧实程度密切相关。通常理想的通气孔隙为 1.0%～ 3.0%，适宜的通气孔隙有利于作物发达根系的生长。基质 pH 值大小影响养分的有效含量，从而制约着植株对养分的吸收利用，大量元素在 pH 值为 6.0 时，有效含量最大，微量元素在 pH 值为 5 ～ 6 时，有效含量最高。因此，基质的 pH 值不宜过高或过低，最适宜范围在 5.5 ～ 7.0。电导率（EC 值）反映基质内可溶性盐的含量，电导率过高，会对植株根系造成伤害，电导率过低，则基质养分含量不足。一般理想基质的电导率应小于 500μS/cm。基质近年来在中国的发展迅速，取得了不少研究成果，但还存在许多不足，主要包括：基质理化性状的测定方法不统一，对基质和作物间的作用研究不深入，没有一致的适宜参数标准；由于基质来源及生产工艺等差别，缺乏通用的质量标准参数；先进技术相对缺乏，设备相对落后，工厂化生产成本高；消毒措施不适用于大批量基质，导致基质重复利用率低；目前基质利用还是主要集中于传统的草炭、珍珠岩和蛭石等，开发质优价廉的有机废弃物基质力度还不够。为此，应进一步完善相关法规政策，鼓励和推动有机废弃物的基质化利用；发展高新技术，优化工艺设备；注重基质化生产各个流程，规范并建立标准化参数体系；给新型材料（纳米科技、生物炭和凹凸棒等）的发展开辟道路。

第一节　秸秆和菇渣组合基质

基质所用未发酵干燥小麦秆茎段长 1 ～ 3cm，菌菇渣来自平菇菌厂，所用辣椒品种为原种朝天椒，采用穴盘育苗方式。进行育苗基质的理化性质分析，包括容重、总孔隙度、通气孔隙度、持水孔隙度、大小孔隙百分比以及 EC 值和 pH 值；不同基质配方化学成分的测定包括有效氮、有效磷和有效钾等；基质栽培辣椒幼苗形态指标的测定包括株高、茎粗、叶片数、植株干重（地上部干重、地下部干重）、壮苗指数、幼苗根冠比和幼苗干物质积累速率等；基质栽培辣椒幼苗生理指标的测定包括叶绿素含量、幼苗根系活力、净光合速率、蒸腾速率、胞间 CO_2 浓度及气孔导度；同时，进行基质栽培辣椒幼苗可溶性蛋白含量、可溶性总糖、脯氨酸及硝酸还原酶等。

一、基质发酵及配方

将风干的小麦秸秆碎屑和菇渣按照 2∶1 的体积比进行配制，混配时添加尿素为发酵氮源，将碳氮比调节至 25∶1 左右，然后加入秸秆专用发酵菌剂。加水使得发酵物料的含水量在 60%～70%（手握成团有水渗出，但不滴水）。在 25℃左右启动发酵试验，一般 2～3d 堆温升至 60℃左右，当堆温大于 70℃时要及时翻堆，后期温度开始下降，且基质发酵过程中会出现白色的丝状物。堆肥后期，堆温恒定，发酵物料变色至褐色或黑褐色，湿时柔软有弹性，干时脆且碎，且带有泥土的气味，说明发酵完全。

对处理好的秸秆与菇渣混合发酵物、草炭土和蛭石等进行采样，然后将它们自然风干。将秸秆与菇渣混合物、发酵物草炭土和蛭石复配比例分别为：1∶2∶1（T1）、2∶1∶1（T2）、2∶2∶1（T3）、3∶2∶1（T4）。按照不同的体积比混配，形成 4 种配方不同的育苗基质，该试验中对照组的基质配方为草炭土∶蛭石＝2∶1 。对 4 种不同配比基质进行理化性质及育苗结果分析。

二、基质的理化性质

在植物的生长发育过程中，栽培基质影响着植物对水分、营养元素以及空气中氧气的吸收和利用，从而影响植物根系的生长。理想基质的容重范围是 0.1～0.8g/cm^3，植物的生长发育与基质的容重大小密切联系，当容重较小时，基质较轻，有利于基质的运输，但对植株的固定作用较差；相反，若基质的容重较大，则基质较重，且基质透气透水性能差。基质的总孔隙度在 70%～90%，通气孔隙度在 10%～40%的范围内对植株的生长比较适宜，适宜育苗基质的 EC 值要低于 2.6mS/cm，适宜育苗的基质 pH 值为微酸至中性。大部分单一基质不能达到此要求，因此要进行基质的混合配，以改善不同育苗基质的理化性质。该 4 种复合基质容重都在理想基质容重范围内，且与对照组差异显著。4 种处理基质的总孔隙度均大于对照组，且都在 54%～96%

范围内，有助于基质储存水分和养分以及与外界进行气体交换。其中 T4 和 T2 处理的总孔隙度最大，说明菇渣与秸秆发酵物的添加提高了基质的孔隙度，有助于蔬菜幼苗的生长发育。

不同配比基质的营养状况不同，添加了菇渣使各处理基质的速效氮、速效磷和速效钾均高于对照组，由于菇渣和秸秆发酵物含量的增加，基质 T2 处理的速效氮和速效钾的含量显著高于对照组，T4 处理的基质中速效磷含量最高。EC 值反映植物吸收矿物离子的能力大小，但 EC 值过高，基质所含的矿质离子浓度高，植物根系失水，出现烧苗现象，使作物不能生长，导致死亡，一般理想育苗基质的 EC 值不高于 2.5mS/cm。所有处理基的 EC 值均高于对照组，说明秸秆与菇渣发酵物添加使得基质中的离子浓度提高。蔬菜育苗基质的 pH 值要求弱酸性到中性，T2、T3 和 T4 处理基质的 pH 值偏中性，适宜蔬菜育苗。

在育苗基质的理化特性方面，筛选测定各处理基质的容重在 0.299 ～ 0.320g/cm^3，总孔隙度 72.15%～ 80.54%，持水孔隙度在 56.27%～ 64.16%，通气孔隙度在 11.47%～ 18.19%，pH 值在 6.71 ～ 7.84，EC 值在 0.71 ～ 1.09mS/cm，速效氮在 609.76 ～ 799.03mg/kg，速效磷在 87.16 ～ 336.87mg/kg，速效钾在 1 949.62 ～ 8 835.70mg/kg。与对照组比较，4 种不同配比基质处理的理化性质更好，其中 T2 和 T4 处理基质的理化性质较佳。T2 和 T4 处理的育苗基质 EC 值、速效氮、速效磷和速效钾都显著高于对照，T2 处理的基质速效氮含量最高，T4 处理的速效磷含量最高，T4 处理的基质容重和总孔隙度等基质物理性质指标与对照组的差异显著。由于菇渣和秸秆本身所含的氮、磷和钾较高，因此，随着秸秆与菇渣发酵物的添加，基质营养元素含量增加，密度增大，保水性能较好。

三、育苗结果分析

在不同配比基质对辣椒幼苗株高影响方面：所有处理都高于对照，其中 T2 和 T4 的处理最好，显著高于对照，其次是 T3 和 T1；对辣椒幼苗茎粗的影响：T2>T4>T3>T1> 对照，其中 T2 和 T4 处理的辣椒幼苗的茎粗显著高于对照组；对辣椒幼苗叶片数的影响：同样是 T2 和 T4 处理的幼苗与对照差异显著，其次是T3处理，T1处理的辣椒幼苗和对照差异不明显。在不同配比基质对辣椒幼苗质量指标方面：T2处理的辣椒幼苗各项指标均高于对照组，其次是T4处理；从根冠比可以看出T4和T2处理与对照组的差异显著；从壮苗指数可以看出T2和T4处理的辣椒幼苗质量最优，生长发育的潜力最大。

根系活力可反映植物能量代谢水平，从而影响根系吸收营养的功能。各处理辣椒幼苗根系活力都高于对照组，其中T2处理的辣椒幼苗根系活力最强，其次为T4、T3和T1，对照的根系活力最低，说明腐熟基质的添加提高了植物根系的代谢水平以及辣椒幼苗的生理活性；叶绿素是重要的光合色素，影响着植物的光合作用，随着发酵物的添加，各处理的叶绿素含量也发生了变化：4种基质处理的叶绿素含量都高于对照组，叶绿素含量最高的是T2处理的辣椒幼苗，为对照的1.15倍，其次是处理T4，为对照的1.12倍，T1处理的辣椒幼苗叶绿素含量比对照组增加了3.3%；各处理净光合速率均高于对照组，其中效果最佳的是T2，辣椒幼苗净光合速率比对照组提高了62%，其他各处理的净光合速率也都高于对照组且差异显著，说明合理的基质配比能够提高幼苗的净光合速率；各处理蒸腾速率都显著高于对照组，蒸腾速率反映了植物体内水分流失状况，蒸腾速率高说明辣椒幼苗的水分代谢较快，生理活性高，但同时要注意补水，防止水分流失严重，影响幼苗质量；气孔导度的变化趋势依次为T2>T4>T1>对照>T3，处理T2辣椒幼苗的胞间CO_2浓度最高，其次是对照，T1处理的浓度最低。

在基质对辣椒幼苗可溶性糖含量影响方面：T2处理的辣椒幼苗叶片的可溶性糖含量最大，然后是T4处理，都显著高于对照，分别是对照组的2倍和1.9倍，其次是T3和T1，它们也都高于对照组；秸秆与菇渣发酵物的添加可以提高辣椒幼苗的生理代谢能力，使幼苗中的可溶性糖含量增加，保证其自身在逆境条件下能够进行正常的生命代谢活动；在可溶性蛋白含量影响方面：除了T1外，其余各处理的可溶性蛋白含量均高于对照组，其中T2处理的辣椒幼苗可溶性蛋白含量最高，较对照组提高了38%，其次是T4，辣椒幼苗的可溶性蛋白含量提高了35.9%，而T3处理的可溶性蛋白含量和对照处理的含量接近；在脯氨酸含量影响方面：不同配比基质处理的辣椒幼苗脯氨酸含量均低于对照组，变化趋势为T2<T4<T3<T1<对照，在正常生长发育状态下，

幼苗体内的脯氨酸含量越低，植株受到的伤害越小、抗性越强，说明加入一定量的秸秆与菇渣腐熟物可以有效提高辣椒幼苗的抗逆境能力；在硝酸还原酶活性变化方面：T4 和 T2 处理的辣椒幼苗硝酸还原酶活性最大，都是对照组的 1.25 倍，T2 处理的硝酸还原酶活性比对照提高了 25.2%，其次是 T1 和 T3，且都高于对照，说明腐熟物的添加可以有效提高植株进行氮代谢能力，增加对氮肥的吸收和利用。

因此，处理 T2 和 T4 的辣椒幼苗高度、茎粗和根冠比都优于对照，T2 的辣椒幼苗壮苗指数较高，辣椒幼苗质量最优，植株生长发育最好。处理 T2 和 T4 的根系活力较高，T2 和 T4 有较高的叶绿素含量，T2 更有利于植物的光合作用。T2 的辣椒幼苗可溶性糖量最高，T4 辣椒幼苗的可溶性蛋白最高，T2 的辣椒幼苗的脯氨酸含量最低，植物的抗逆性更强。综上所述，在形态指标上，T2 处理辣椒幼苗株高、茎粗、根系活力和壮苗指数分别是对照组的 1.37 倍、1.25 倍、1.51 倍和 1.91 倍；在光合参数上，T2 处理辣椒幼苗的叶绿素含量、净光合速率分别是对照的 1.15 倍、1.62 倍；在生理指标上，处理 T2 的辣椒幼苗可溶性糖、可溶性蛋白、硝酸还原酶活性分别是对照的 1.92 倍、1.38 倍和 1.25 倍，较对照组分别提高了 100%、38% 和 25.2%；处理 T2 的脯氨酸含量较对照下降了 30.7%。处理 T2 的基质配方更有利于辣椒幼苗的生长，是辣椒育苗栽培的优良基质。

第二节　草炭复配基质

将玉米秸秆和牛粪分别晾干后，调整含水量在 60% ～ 80%，发酵 1 个月，每隔 7d 进行 1 次翻堆，并调整含水量。堆肥腐熟后晾干。秸秆以 4mm 粒径粉碎，腐熟牛粪过 5mm 筛。将草炭、玉米秸秆、牛粪和蛭石复配比例分别为：2.5∶2.5∶2.5∶2.5（T1）、4∶2∶2∶2（T2）、2∶4∶2∶2（T3）、2∶2∶4∶2（T4）、2∶2∶2∶4（T5）共 5 个处理，以草炭∶蛭石 =2∶1（体积比）为对照。进行基质容重、总孔隙度、通气孔隙、持水孔隙以及 pH 值和 EC 值测等基质理化性质；全氮、全磷、全钾、碱解氮、有效磷、速效钾、有机质等基质养分含量指标；出苗率、辣椒幼苗形态及生长指标、地上部干重及地下部干重、壮苗指数等生长指标；叶绿素含量、根系活力、可溶性蛋白、可溶性糖等生理指标以及气体交换参数、荧光参数和苗质量等测定。

一、不同粒径对秸秆物理性状的影响

测定结果表明，粒径为 1mm 的玉米秸秆容重最大，未粉碎过的玉米秸秆容重最小，通气性能最高，持水能力最弱。1mm 粒径秸秆持水能力强但通气能力差，气水两相不均衡；5mm 粒径秸秆总孔隙度偏小；2mm 和 4mm 粒径其通气性能与持水性能力均衡，物理性质相近，各参数接近合理参数指标，但 2mm 秸秆较 4mm 更耗时、耗电和耗力，不符合节能环保和废物再利用的初衷，故选择 4mm 粒径作为秸秆粉碎粒径。

二、复合基质理化性状

与草炭基质相比，玉米秸有机基质持水孔隙较草炭小，相对草炭基质在育苗应用时应增加灌水次数。pH 值呈微酸性，秸秆电导率远远高于标准值，在用于园艺植物育苗时，应与蛭石、珍珠岩和花生壳粉等材料复配，以适当调节基质盐分。生产实践证明，单一基质很难达到作物生长要求的适宜理化性状。秸秆基质单独作为栽培基质时存在物理性状方面的缺陷，表现为体积质量偏小和大小空隙比偏大。利用废弃物合成的有机基质普遍存在盐分含量高和 EC 值偏大等缺点，一般通过添加草炭或者蛭石以降低其 EC 值。

复合基质与单一基质相比，可以较好地调节基质的理化性质，为作物的生长创造良好的环境。但是复合基质的性质并不是各个单一基质的简单相加，复合后的基质经过互相作用，理化性质会发生相应的变化。秸秆、牛粪、草炭和蛭石不同比例混合后，基质理化性质得到一定的改良。表现为基质容重升高，且都低于对照，均在育苗基质适宜容重 0.2 ～ 0.8g/cm^3 范围。总孔隙度均接近对照，在 62% ～ 71%，且在较适宜的 60% ～ 96% 范围。秸秆与牛粪、草炭和蛭石复配后可以改善秸秆本身水气比，从而提高作物根际环境并有利于复合基质的保水能力。

基质的复配对于 EC 值的改良效果大，EC 值降低在 0.4 ～ 1.1mS/cm，适合作物生长的 2.6mS/cm 以下的要求，且均高于对照；pH 值也在适宜作物生长的范围。但 T3 由于秸秆含量较高、总孔隙大、水气比小、EC 值较高，与对照存在明显差异。EC 值偏高的复合基质可以在使用前用清水淋洗或浸泡，EC 值降低后使用才更安全。标准固体基质的容重应在 0.5g/cm^3 左右，总孔隙度在 60% 左右，大小孔隙比在 0.5 左右，化学性稳定（不易分解出有害物质），酸碱度接近中性，没有酚类等有毒物质存在。

三、复合基质养分含量

玉米秸发酵基质含有较高的营养元素，一般在育苗中可不再添加矿质元素。玉米秸秆全钾、有效磷、速效钾和有机质含量高于草炭，尤以全钾和速效钾更高。但是全氮和碱解氮含量低于草炭。秸秆基质养分高的不利之处就是容易烧苗、对外加养分不容易控制。牛粪全磷、全钾、碱解氮、有效磷和速效钾含量高于草炭，其中尤以有效磷和速效钾含量更高。蛭石全氮、碱解氮和有机质含量最低，表明其肥力营养水平低。

氮素浓度在适当的情况下，能显著提高蔬菜作物的产量，促进植株生长。磷素可促进作物根系的生长发育，提高根对养分和水分的利用率，有利于作物进行光合作用和能量代谢，从而促进作物的生长，提高产量。钾素在改善蔬菜作物品质方面发挥着不可替代的作用，研究表明，增施钾肥，能改善蔬菜外观和色泽，同时提高维生素 C 和蛋白质等营养物质的含量。有机质包括微生物及其分泌物以及植物残体和植物分泌物。有机质可以持久地供应作物生长所需养分，具备长期向作物供肥的能力。利用有机固体废弃物合成的基质，因其本身含有较多营养元素，栽培过程中的持续降解可增加作物根际 CO_2 浓度，基质中活跃的微生物也可促进作物的生长，此类基质可取得较好的应用效果。该研究所用复配基质中，T4、T1、T2 相比 T3、T5 有机质含量高，其秧苗素质高，而 T3 和 T5 育苗失败。

四、浸水对基质收缩和沉降的影响

玉米秸秆在浸水后以 1mm 粒径、2mm 粒径和 4mm 粒径较稳定，5mm 粒径秸秆体积下降剧烈；基质原料中浸水下降程度为牛粪 < 草炭 < 蛭石 < 秸秆；复配基质后浸水下降程度为对照 <T2<T3<T5<T4；基质浸水体积变化后复配

的混合基质较单一基质稳定，尤以草炭：牛粪：秸秆：蛭石 =4：2：2：2 处理（T2）体积变化小且随浸水时间增加而没有下降。

五、基质对辣椒幼苗生长影响

不同复配基质对辣椒幼苗生长的影响方面，其中以 T1、T2 和 T4 出苗快且整齐，出苗后生长速度快、子叶宽大肥厚、叶色浓绿有光泽，尤以 T4 最好。T3 和 T5 出苗缓慢、出苗率低、出苗后子叶窄小、叶色鲜绿且暗淡无光泽。各基质体积比相同的处理（T1）明显出现缺肥，该处理的苗高、茎粗、根长、地上部鲜重和地下部干鲜重明显低于其他配比的处理。T4 处理的苗高、茎粗、根长、地上部干鲜重和地下部干鲜重值最高，幼苗生长表现最好，T2 和对照处理相对较差。这主要因为：一是幼苗试验过程中洒水对基质起到一定的淋洗作用，降低了 T4 处理的 EC 值；二是随着幼苗生长，幼苗对生长环境的适应力逐渐增强，适应了 T4 处理的 EC 值；三是 T4 处理的牛粪含量相对较高，可以满足幼苗生长的养分需求，同时可能与牛粪中纤维素和蛋白质有关，而且牛粪通透性好，能促进辣椒幼苗的根系生长。

在幼苗叶片叶绿素含量的影响方面，叶片中光合色素是植株进行光合作用的物质基础，从叶绿素含量可以反映出种苗的代谢水平和生长潜力。叶绿素含量高，说明种苗代谢水平高，有机物合成多，干物质积累也会比较多，种苗的生长潜力大，定植后植株生长旺盛，有利于提高产量。T4 处理下叶片叶绿素 a 含量与对照无显著差异，T4 处理下叶绿素 b、叶绿素（a+b）含量显著高于对照，说明 T4 比对照能更好地进行叶绿素的合成代谢，促进种苗生长；T1 和 T2 显著低于对照，说明 T1 和 T2 不能有效促进叶绿素合成代谢，不宜作为穴盘育苗基质。

辣椒幼苗根系通过吸收水分和矿质营养，提供地上部生长所需养分，从而直接影响植物的生长、产量和品质；可溶性蛋白是植物体内的一种渗透调节物质，对缓解植物体在逆境条件下的伤害起着重要的调节作用。T2 和 T4 的根系活力均显著高于对照，说明 T2 和 T4 基质疏松透气和保水性良好，能给作物的根系创造良好的根际环境。T1 显著低于对照，说明 T1 根系活力低，植株生长不良，T1 达不到对照处理的育苗效果。T4 根系活力高，可能与牛粪含量高，促进植物根系生长有关。可溶性蛋白含量 T4 与对照相当，其余处理显著低于对照。可溶性糖含量除 T4 外，其余处理均显著低于对照处理。一般认为，复合基质中有机肥比例达到一定程度时，幼苗叶片中可溶性蛋白含较高，可能是因为基质较高的 EC 值，使幼苗受到盐分胁迫的原因。综合评价可以看出 T4 基质达到甚至超过对照水平。

六、育苗期基质理化性状变化

基质稳定与否，主要受微生物和栽培根系活动的影响。在作物栽培过程中，各种有益或有害的微生物如细菌、真菌和放线菌会通过各种途径进入基质，这种影响表现为基质的重量、孔隙度、pH 值和 EC 值等理化性质发生变化，也反映了基质的优劣。基质孔隙随时间会发生变化。由于基质的分解、重力、浇水和根的生长等，孔隙会发生变化，如较小的浮石随浇水沉到容器的底部，而引起透水困难。良好的育苗基质一般要求保水保肥且透气，容重在 0.2 ～ 0.8g/mL、pH 值为 5.1 ～ 7.1、总孔隙度 >54%、持水量 >150%。对于大多数植物来说，其适宜的基质容重为 0.4g/cm^3 或者 0.5g/cm^3 左右，各配比基质的容重变化较缓慢，在整个苗期呈上升趋势，这可能是粒径变小的缘故；后期稳定在 0.5g/cm^3 左右，与刚配制的基质相比，增大趋势不明显，也并没有超出适合作物生长要求范围；总孔隙度方面，T1 和 T4 值呈上升趋势，在 65% ～ 75% 变化。在育苗前期 pH 值都有不同程度的升高，到后期 pH 值又都呈下降趋势，前期普遍上升，这可能是灌溉水的加入及某一些盐类如 Ca 和 Mg 等的溶解所致；后期下降主要原因是有机基质在分解过程中放出的有机酸在一定程度上起到了中和碱性的作用；也有可能是由于植株根系在碱性条件下吸收阳离子的量多于阴离子，根系向根外释放 H^+，基质内微生物（细菌和真菌）在分解碳水化合物，呼吸释放 CO_2，产生的多种有机酸降低了基质内的 pH 值。总体来看，pH 值的变化并没有超出辣椒所能忍受的范围，不会对某些大量和微量元素的有效性产生太大的影响，但偏碱性，应对其进行调节。在育苗过程中，各处理基质的 EC 值差异和变化较大，其变化大致是先降低后升高。可能由于后期气温高，基质蒸发量大，盐分在基质上层积累，也可能是因为离子的不平衡吸收致使某些离子在基质中积累。但各处理基质

EC 值均低于 2.5mS/cm，符合理想的基质 EC 值。

七、育苗期中基质养分含量

在整个栽培期中，基质能不断转化释放养分，但其不易直接测得，在不同的栽培条件下，基质本身的养分释放量是一个变化值。养分释放量因基质材料和配比等不同也会有所差异。不同配比基质营养元素含量在整个苗期变化不同。基质的全磷和全钾含量增加，这可能是因为基质本身释放的全磷和全钾超过植株的吸收量，导致其在基质中的不断积累。从碱解氮的总量变化看，碱解氮明显下降，这并不全是植物吸收利用的结果，因此时植株幼小，生长相对缓慢，吸收量少，其原因可能与基质本身的生物化学固定有关。基质的稳定性主要受 C/N 的控制，稳定性也可以用 C/N 来估测。T4 基质的 C/N 在育苗过程中始终小于其余处理和对照，T4 基质 C/N 小，有机质分解慢，稳定性能高。有机质含量变化规律性不明显，出现这种变化的原因主要是有机质的来源有很多方面，使不同时期规律性并不强。在整个育苗期内，基质中各种养分变化规律不同，这与植物的吸收利用有关，植物根系各种磷形态数量的变化与根系活化吸收有关，也受根系分泌物和脱落物在根际积累的影响。T4 基质在混配后育苗前，基质全氮含量高于东北黑土最高含量；全磷高于土壤平均最高水平。同时全氮、碱解氮、有效磷、速效钾和有机质含量均高于国家一级土壤含量标准，基质养分丰富，使得在育苗的整个过程不追施肥料，只浇清水也可满足辣椒幼苗整个苗期对矿质营养元素的需求。同时，T4 基质的全氮、碱解氮和速效钾含量在整个育苗过程中均高于其他处理和对照，全磷和有效磷在育苗结束时高于对照，同时在各处理间也是最高。

第三节　生物炭代替草炭复配基质

研究不同原材料（药渣、木屑、咖啡渣和猪粪）及炭化温度（350℃和500℃）下，制备的生物炭理化性质（出炭率、有机碳含量、pH 值、电导率和养分含量）和吸附离子（NO_3^-、NH_4^+ 和 PO_4^{3-}）的差异。以 350℃温度下热解的生物炭代替草炭，与醋糟基质按不同比例混配，研究生物炭复合基质对辣椒幼苗生长的影响。以辣椒幼苗叶片为试材，探究生物炭对辣椒幼苗生长时抗氧化酶活性的影响。相关研究对不同热解温度及不同来源下制备的生物炭基本理化和吸附性质进行分析，将其作为草炭替代基质，探究其对辣椒幼苗生长及酶活性的影响，旨在为保护草炭资源和废弃物资源化利用提供依据。

一、生物炭原材料及热解温度

各种来源生物炭的出炭率随着炭化温度的升高而降低，因为炭化温度升高，生物质中的易挥发成分损失增多，首先是物理性吸附水分的散失，部分纤维物质分解；其次是有机组分的化学键断裂并重排，同时伴随着各种挥发性物质（焦油气、H_2、CO 和 CO_2）的损失和芳香烃类等难降解物质的产生，生物炭产率急剧下降；最后，难挥发物质逐渐分解，生物炭产率缓慢下降。不同原材料的组成成分有差异，决定其热稳定性的大小，从而影响生物炭的产率。比较药渣、木屑、咖啡渣及猪粪等废弃物生物炭研究表明，动物粪便类生物炭的产率要高于木本和草本类生物炭。一般畜禽粪便类生物炭在350℃左右炭化时，其组分仍和原材料十分相似。生物炭因其含有丰富的碳元素，形成化学结构复杂的稳定性物质，对土壤有机碳固定和温室气体减排方面有十分重要的意义。药渣炭中的有机碳含量随着热解温度的升高而提高，但咖啡渣碳含量正好相反，这可能是由于生物炭热解材料性质的不同，导致在 500℃左右，恰好是木本类生物质特有的木质素等含碳化合物的损失，从而使得最终的碳损失速率快于草本类。木屑炭和咖啡渣炭的有机碳含量相对高于其他生物炭，这是因为木本类生物炭与草本类生物炭比，有更高的化学稳定性和更低的灰分。

生物炭一般呈碱性，随炭化温度的升高，生物炭 pH 值增加，这可能与生物炭中的碳酸盐和碱性官能团随温度的提高而不断浓缩有关。畜禽粪便往往含有更高的灰分含量，其制成的生物炭比草木本类有更高的 pH 值。生物炭养分含量的高低决定于原材料养分及热解温度，随着热解温度的升高，生物炭的氮含量降低，磷和钾含量增加。氮含量随温度升高而降低可能是因为铵态氮、硝态氮及含氮易挥发性物质在高温下的损失。生物炭因其有较大的比表面积和丰富多孔的特性，对水分和养分有很好的吸持作用。药渣、木屑、咖啡渣及猪粪等生物炭对 NH_4^+ 的吸附效果最好，最高达28.89%，而猪粪炭等自身所含磷元素很高，导致 PO_4^{3-} 的释放量要大于吸附量，使得最终呈现“倒吸附”现象。

二、辣椒幼苗生长

醋糟基质的通气孔隙相对较大，且随着醋糟在基质中的比例增加，基质的通气孔隙也相应地增加，这样很好地弥补了生物炭通气孔隙小的缺点。研究药渣炭、木屑炭和猪粪炭分别以不同体积比例复配，所得生物炭的pH值在6.6～8.2范围内，与常用基质相比偏高，通过添加醋糟，可使生物炭复合基质的pH值均控制在7.5以内，说明醋糟在降低基质pH值上有很大潜力。基质电导率过高会对植株生长产生不利影响，不同体积的药渣、木屑和猪粪生物炭混配基质的EC均小于50μS/cm，符合理想EC值要求。药渣炭的全氮含量最高，为草炭和醋糟的2倍，但碱解氮的含量仅为草炭和醋糟的一半。一般认为生物炭的大部分氮以植物不可利用的形态存在，因此无机氮含量较低。虽然草炭基质的碱解氮含量最高，但幼苗的生长指标表现并不是最好，可能与其通气孔隙较小有关。通过用含20%生物炭的复合基质处理辣椒幼苗的株高、茎粗、叶面积和地上部生物量均显著高于对照草炭基质。20%和40%药渣炭复合基质处理下辣椒幼苗的根表面积、根体积在幼苗生长后期增加较快，显著高于草炭处理。

基质的理化性状、养分含量与幼苗的生长密切相关。研究不同体积的药渣、木屑和猪粪生物炭混配基质种植辣椒，相关性分析发现，幼苗的株高、茎粗、地上部干重、地下部干重及壮苗指数与基质的碱解氮含量、通气孔隙和电导率之间显著正相关（$P<0.05$），表明基质良好的通气性和适宜养分含量对幼苗的发育有很好的促进作用。同样地，相关研究表明，育苗基质的表面积、孔性和矿质养分等性质是影响幼苗生长发育的重要因素。通过调整生物炭与醋糟的配比制成的基质有效地调节了基质的养分状况、通气条件以及pH值和电导率等特性，以达到适合幼苗生长的需要。通过不同炭基质处理下的辣椒幼苗根系发育对比发现，幼苗生长后期，在炭添加量相同（20%或30%）条件下，猪粪炭基质的幼苗根系根长、根体积、根表面积、地下部干质量以

及壮苗指数均显著小于药渣炭和木屑炭基质，这可能是因为猪粪炭基质在同比例炭添加量时的pH值（7.29～7.39）分别高于药渣炭基质（6.81～7.17）和木屑炭基质（5.88～6.13），而pH值对作物尤其是根系的生长有直接影响。比较不同材料生物炭的组分时发现，猪粪炭中含有其他炭没有的吡啶类含氮化合物，这可能是猪粪炭对辣椒幼苗根系生长产生负面影响的另一原因。研究不同体积的药渣、木屑和猪粪生物炭混配基质种植辣椒，结果表明，20%或40%药渣炭基质和20%木屑炭基质的幼苗壮苗指数显著高于其他处理，且20%药渣炭基质和20%木屑炭基质处理幼苗的株高、茎粗、叶面积和地上部生物量均显著高于对照草炭基质，20%药渣炭基质处理幼苗的株高、茎粗、叶面积、根长和地下部干重在前期与对照无显著差异，后期显著高于对照处理；20%和40%药渣炭基质处理幼苗的根表面积和根体积在前期与对照无显著差异，后期显著高于对照处理，20%木屑炭基质处理的幼苗根系表现相对差一些。综合考虑各地上和地下生长指标，20%和40%药渣炭基质这两种配比基质的辣椒幼苗表现最好，可代替草炭在育苗上进行使用。

综上所述，生物炭有替代草炭基质应用于辣椒幼苗培育的潜力，同时各地废弃物资源不同，可以根据当地情况选择与腐熟醋糟性质类似的废弃物与生物炭进行混配，这不仅为新型工厂化育苗基质开发利用提供了理论支持，还为更好地利用当地废弃物提供有效的途径。但是，生物炭基质是否适用于其他蔬菜育苗，以及不同作物的适宜用量，还有待进一步研究。

三、辣椒幼苗叶片酶活性

药渣炭基质处理辣椒幼苗叶片的超氧化物歧化酶活性与生物炭添加量的变化趋势一致，酶活基本随药渣炭添加量的增加而增加，在高添加量（60%或40%）时，分别较对照显著高出32.70%和16.20%（$P<0.05$）。木屑炭基质处理叶片的超氧化物歧化酶活性除20%炭添加量基质处理外，各基质处理叶片的超氧化物歧化酶活性无明显差异（$P>0.05$）。猪粪炭基质处理叶片的超氧化物歧化酶活性随着生物炭添加量的增多表现出先降低后升高的趋势，并且，在60%猪粪炭添加量的情况下，叶片的酶活显著高于对照（$P<0.05$），高出17.67%。

药渣炭基质处理幼苗叶片的过氧化氢酶活性基本随生物炭用量的增加而增加，木屑炭基质处理辣椒叶片的过氧化氢酶活性随着生物炭添加量的增加先降低后升高，而猪粪炭处理下叶片的过氧化氢酶活性则呈先升高后降低的趋势。除了40%木屑炭、60%猪粪炭、20%药渣炭这些处理外，各生物炭基质处理的过氧化氢酶活性均显著高于对照（$P<0.05$）。

药渣炭和木屑炭基质处理辣椒幼苗叶片过氧化物酶活性随生物炭添加量的变化趋势一致，都随炭添加量增加大体上逐渐升高，而猪粪炭基质处理幼苗叶片的过氧化物酶活性随生物炭用量的增加而降低。60%药渣炭和60%木屑炭基质处理的辣椒幼苗叶片的过氧化物酶活性显著高于对照（$P<0.05$），分别高出33.32%和35.41%。

因此，基质在适量添加生物炭的情况下，辣椒幼苗叶片的超氧化物歧化酶、过氧化氢酶和过氧化物酶活性有不同程度的提升；多数处理叶片酶活随生物炭添加量的增加而增加，但猪粪炭基质在生物炭添加量达到一定值后，叶片的过氧化氢酶和过氧化物酶活性呈下降趋势。大多数基质处理的幼苗叶片过氧化氢酶活性明显高于对照（$P<0.05$）。由此可见，生物炭对植株幼苗抗逆性的正效应作用显著。

第四章　辣椒育苗及幼苗生长

育苗是蔬菜产业首要和关键技术环节。随着蔬菜产业的发展，育苗作为一项重要技术，从蔬菜产业链条中逐渐分离出来成为一项重要的产业。近年来，随着育苗技术的快速发展，育苗移栽的优越性充分体现。以穴盘育苗为代表的集约化育苗得到普及应用，集约化育苗操作简便，省时省力，节约种子和农药，能有效减轻病虫害为害，克服连作障碍，便于管理且使得秧苗健壮。育苗基质是幼苗根系生长的基础，其质量的好坏对种苗质量影响巨大，是集约化育苗技术中的关键。采用基质育苗方式，可使农产品质量完全达到无害和绿色要求。

近年来，我国辣椒生产规模及产业发展迅速，栽培面积和产值稳居蔬菜产业首位。获得高产、优质和早熟的辣椒品种对推动辣椒产业蓬勃发展具有重要的现实意义。辣椒种苗质量对辣椒的产量和品质有着重要的影响，因此培育优质的辣椒种苗是促进辣椒增产和农民增收的重要途径。随着现代农业和蔬菜产业的快速发展，传统的辣椒土方育苗、营养钵育苗已逐渐被穴盘育苗所取代。传统育苗存在出苗率低、出苗不整齐、移栽成活率低、种苗质量差和上市晚等现象。随着现代育苗技术的发展，穴盘育苗已成为现代蔬菜育苗的主要方式。辣椒穴盘育苗是我国辣椒育苗研究的重点之一，穴盘育苗是通过使用格子状塑料穴盘，以无害土、蛭石和草粪等物质作基质，采用精细化播种，进行科学的温湿度管理，将肥料通过浇灌方式进行营养供给的现代化育苗技术。穴盘育苗可以提高蔬菜的壮苗率和移栽成活率，育成的秧苗能长途运输，方便流通，同时可在日光温室和连栋大棚内因地制宜地进行早春蔬菜穴盘无土育苗，不仅能大量集中供苗，又能远距离运输，具有节约种子、出苗率高、整齐度好、苗龄期短、缓苗快、根系发达、病虫害少、机械化程度高和省工省力等优点，因此，穴盘育苗技术是蔬菜生产向规模化、集约化和产业化发展的重要环节。穴盘育苗在辣椒生产中是较为关键的技术，辣椒的育苗周期较长，而影响辣椒育苗效果的因素有温度、湿度、光照和育苗基质及追肥等诸多因素，如何做到在适宜幼苗生长环境条件下既减少育苗成本，又培育出健壮幼苗需要深入探讨和研究。

第一节　基质及肥料对辣椒幼苗生长的影响

随着辣椒种植面积的不断扩大，为了促进辣椒早熟，延长采收期，提高产量，在生产中进行穴盘育苗已成为不可缺少的环节之一。采用比草炭成本低的椰糠作为主要原料进行辣椒育苗复合基质配方以及基质中最适化肥施用量的研究，筛选出适合低成本、能够培育优质辣椒穴盘苗的椰糠型基质配比以及基质中最优的氮、磷和钾施用量，对辣椒育苗产业的发展具有重要的指导意义。通过以辣椒（杭椒品种）为供试材料，以椰糠、沙子和有机肥为原料，采用不同体积比组成 6 种椰糠型复合育苗基质配比的方法进行辣椒穴盘育苗，对各复合基质的理化性质、幼苗生长指标、生理指标以及辣椒前期产量和果实品质进行统计分析。

一、不同基质配比对辣椒幼苗生长的影响

理想育苗基质的容重在 0.1 ～ 0.8g/cm^3、总孔隙度在 54%～ 96%、通气孔隙 20%、持水孔隙在 20%～ 30%。一般认为，pH 值 6 ～ 8，EC 值小于 2.6mS/cm，作物可以安全生长。采用椰糠、沙子和有机肥等为原料所生产的复合基质，容重在 0.20 ～ 0.26g/cm^3 范围内，符合要求；总孔隙度、通气孔隙和持水孔隙均在正常范围内；pH 值 6.94 ～ 7.59，EC 值在 1.43 ～ 1.57mS/cm，小于 2.6mS/cm。综合分析以上指标，采用椰糠、沙子和有机肥等为原料所生产的复合基质符合幼苗生长条件。

株高、茎粗、叶面积和壮苗指数可以反映植株的生长情况。复配基质中，椰糠：有机肥：沙子 =20：1：1 时，株高、茎粗和叶面积方面均表现最优，且壮苗指数最大。综合分析以上指标，采用椰糠：有机肥：沙子 =20：1：1 处理时，辣椒幼苗综合表现好，有利于培育辣椒壮苗。

可溶性蛋白和可溶性糖是评价辣椒营养品质的重要指标，叶绿素是衡量植株生长好坏的指标。有研究认为，有机肥可提高可溶性糖、可溶性蛋白及叶绿素三者的含量。椰糠：有机肥：沙子 =20∶1∶1 复配基质中，叶绿素含量的变化与前人研究结果不一致，可能是因为该处理处于生长高峰期，叶片面积大，所以叶绿素含量高。

产量是衡量作物的生长指标，作物长势越好，产量越高。复配基质中，椰糠：有机肥：沙子 =20∶1∶1 时，辣椒长势较好，单果重、单株产量及小区产量方面也明显高于其他处理。

果实中可溶性糖、可溶性蛋白和维生素 C 含量是影响果实品质和价值的主要因素，硝酸盐也是影响果实品质的重要因素。一般研究认为，增施有机肥有利于提高果实的维生素 C 和可溶性蛋白含量，同时降低硝酸盐含量。采用椰糠、有机肥和沙子不同比例复配，各个处理的硝酸盐含量均低于国家安全标准含量（<423mg/kg），安全品质较好。

通过对辣椒幼苗生长指标、生理指标、果实品质及产量进行统计分析，椰糠：有机肥：沙子 =20∶1∶1 的基质配比适合辣椒穴盘苗的生长。

二、基质中施肥对辣椒幼苗生长的影响

作为判断辣椒壮苗的指标，通常将简单指标和复杂指标结合。简单指标中的干重和叶面积等能反映出幼苗的质量，可作为壮苗的基础性指标；叶片数和茎粗等指标对环境条件变化敏感，只能作为参考标准。复合指标与简单指标相比，更能全面反映幼苗的生长状况。复合指标用干鲜比、G 值（全株干重 / 育苗天数）、壮苗指数以及根冠比来比较。研究复合基质中施用化学肥料进行辣椒育苗，采用简单指标结合复合指标进行综合分析，以 $N:P_2O_5:K_2O=200:200:200$（单位为 g/m^3）追肥处理时，辣椒幼苗在茎粗、干鲜比及壮苗指数等方面优于其他处理。

从生理指标来看，辣椒养分缺乏时，施肥可以改善辣椒品质，当施肥量超过最佳养分范围时，辣椒会降低品质；当过量偏施某种养分时，辣椒的生理生长受到影响，因此，氮、磷、钾肥配施对辣椒生长发育至关重要。叶绿素含量反映植株的代谢水平和生长潜力；可溶性蛋白的合成能够

维护细胞膜的稳定性，增强植物抗性。基质中施用化肥研究表明，所施 N : P_2O_5 : K_2O=200 : 200 : 200 处理时，叶绿素含量最高，生长潜力最大；该处理的可溶性蛋白含量高于其他处理，说明该处理抗性较好，养分供应满足辣椒幼苗生长，品质较优。

产量是衡量蔬菜生长优劣的指标之一。有研究表明，减施化肥，配施有机肥，可以提高辣椒产量。以 N : P_2O_5 : K_2O=200 : 200 : 200（单位：g/m^3，下同）施肥处理时，辣椒在单果重、单株产量以及小区产量方面均优于其他处理，可能是因为该处理在苗期时各方面均优于其他处理，培育出了辣椒壮苗，所以产量也高于其他处理。以 N : P_2O_5 : K_2O=400 : 400 : 400 追肥处理时，在单株产量以及小区产量方面低于其他处理，可能是因为苗期化肥施用量偏高，幼苗长势较差，影响了前期产量。通过测定可溶性糖、可溶性蛋白质、硝酸盐含量以及维生素 C 含量可以反映蔬菜品质的优劣。有研究表明，硝酸盐含量随氮肥用量增加而增加，而以 N : P_2O_5 : K_2O=300 : 300 : 300 追肥处理时的辣椒可溶性糖含量最高，该处理的维生素 C 含量与硝酸盐含量最高。

通过对辣椒幼苗生长指标、生理指标、果实品质及产量进行统计分析，基质配比为椰糠 : 有机肥 : 沙子＝ 20 : 1 : 1 时，N : P_2O_5 : K_2O=200 : 200 : 200 的化肥施用量适合辣椒穴盘苗的生长。

第二节　基质及环境对辣椒幼苗生长的影响

采用不同比例菌渣、草炭和蛭石为辣椒育苗基质，同时结合不同昼夜温度和光照强度等光温环境，进行辣椒育苗中出苗率、生长势、干鲜重、根鲜重、全株干重和壮苗指数等形态指标和生理生化指标进行观察和测定。从而明确辣椒育苗中最佳基质配比及最佳光温环境。

一、不同基质理化性质对辣椒幼苗生长的影响

育苗基质能否提供给种苗足够的水分、良好的通气环境和支撑作用，主要取决于基质的物理性状，这包括通气孔隙度、持水孔隙度、总孔隙度和容重。通气孔隙大，基质能给种苗提供大量空气，有利于根系的有氧呼吸，并

减少无氧呼吸，防止无氧呼吸过多造成伤害，从而促进根系的生长发育；持水孔隙度高，基质才能给种苗提供足够的水分；容重要适中，过小会引起种苗倒伏，过大会造成操作困难。因此，物理性质是衡量穴盘育苗基质优劣的首要指标。采用不同比例菌渣、草炭和蛭石为辣椒育苗基质，各基质的容重随菌渣比例的增加而增加，但均在幼苗生长适宜的容重范围（0.15 ～ 0.8g/cm^2）；各处理总孔隙度为 65% ～ 84%，在较适宜生长范围内，不同处理其菌渣含量越高，通气孔隙度越高，但持水孔隙度较低，表明蘑菇渣复合基质的透气性好，持水性也适宜，有利于辣椒幼苗的生长。

电导率可反映基质中可溶性盐分的多少，将直接影响营养液的平衡和幼苗生长状况，通常研究认为，基质适宜电导率值应小于 2.6mS/cm。采用不同比例菌渣、草炭和蛭石为辣椒育苗基质，发现采用菌渣∶草炭∶蛭石 = 4∶1∶1 时的电导率显著大于适宜范围，但也取得了良好的育苗效果，且随着菌渣比例的增大，其电导率值有明显增加的趋势；不同基质配比中以菌渣∶草炭∶蛭石 = 2∶1∶1 的阳离子交换量的含量最高，说明其养分保持的能力较强；从基质的 pH 值来看，蘑菇渣复合基质在 6.3 ～ 7.4，都在辣椒幼苗适宜生长的范围内；全氮、磷、钾和有机质含量均随着菌渣比例增大而显著增加。

二、不同光温对辣椒幼苗生长的影响

在适宜的育苗温度范围内，温度越高，种子出苗越快；同时，在幼苗适宜生长的光温范围内，随着温度的增加，幼苗生长加快，并且在同样温度条件下，弱光会导致幼苗徒长，温度越高，弱光下的徒长现象越明显，与通常所说的植株在弱光下徒长和生长变弱的情况是一致的。但在生长中后期，徒长现象越来越不明显，高温强光下的幼苗比弱光下的幼苗健壮，生长速度相对还是快些，有利于快速培育壮苗。在适宜的光温条件下，温度越高，光强越强，叶片的光合速率增加，光合产物在叶片中积累的越多，越有利于地下部分的正常生长，反过来地下部根系吸收营养成分通过茎运输到叶片，叶片是最直接的受益者，因此在适宜的光温条件下，叶面积随温度和光照强度的增加而增加，说明偏低温弱光导致辣椒叶面积扩张减缓。在适宜的温度范围内，温度越高，幼苗生长越快，成苗时间越短，且在相同温度下，育苗时间长短随光照强度的增加而减少，有效缩短了成苗时间。

叶绿素在植物光合作用中起到捕获光能的重要作用，其含量直接影响到植物光合能力的强弱。本研究中，在适宜的温度范围内，偏高温和弱光有利于叶片叶绿素 a 和类胡萝卜素的积累，而适温和偏强光使叶片中叶绿素 b 的累积更明显，其原因可能与光温的互作效应有关。在适宜的光温条件下，根系活力随温度和光照强度的降低而减弱，主要因为植株根系与叶片在同化产物上存在库与源的关系，同时也是水分和无机营养的供需关系。低温弱光既直接降低根系活力，使水分和矿质营养的吸收受阻，也能通过减少光合产物向根系的分配来影响根的生长，进而影响叶片的光合能力。

对于渗透调节物质的可溶性糖和脯氨酸，其含量随温度和光照的减弱而明显增加。

三、不同基质配比对辣椒幼苗生长的影响

由基质与幼苗生长之间的相互关系可以看出基质是否有利于种苗的生长发育。表示幼苗生长的数量性状指标有多种，如株高、茎粗、叶片数、鲜重和干重等，以株高、茎粗、鲜重、干重和壮苗指标等具有代表性的指标作为评价标准。通过蘑菇渣复合基质的辣椒育苗试验综合考虑这些评价标准。筛选出菇渣：草炭：蛭石 = 4∶1∶1 和 1∶1∶1 两处理育苗效果最好，但考虑育苗成本问题，菇渣：草炭：蛭石 =4∶1∶1 为最佳的育苗基质。

辣椒幼苗生理特性相关研究表明，菇渣：草炭：蛭石 = 4∶1∶1 处理的叶绿素各含量较高，根系活力和可溶性糖含量均随菌渣比例的增大而提高，表明高菌渣比例可在一定程度上提高幼苗的抗寒抗旱能力，其原因除了可能跟其本身的理化性质有关外，其他原因还有待进一步去研究。

四、光温和基质配比对辣椒幼苗生长的影响

在适宜的光温条件和基质配比中，偏高温、适度光照和容重、孔隙度等适宜的基质配比有利于提高壮苗各指标和成苗速度，即通常所说的一定程度上提高温度和光照，选择适宜的育苗基质有利幼苗生长的情况是一致的。

第三节　基质添加辣椒秆生物炭对辣椒幼苗生长的影响

在辣椒育苗基质中添加以辣椒秸秆不同部位制成的生物炭，研究其对辣椒幼苗生长及养分含量的影响，探讨辣椒秸秆炭化应用可行性并筛选出较优添加量和添加部位，为有效解决辣椒秸秆资源化利用问题提供参考依据。不同原料生物炭包括辣椒根、辣椒茎基部、辣椒主茎秆、辣椒粗枝条、辣椒细枝条和辣椒秸秆混合，6 种原料在 450℃裂解 1h 获得各类生物炭，2 个生物炭添加水平（添加量为育苗基质干重的 2% 和 5%），以不添加生物炭为对照，共 13 个处理。各处理 N（0.15g/kg）、P_2O_5（0.15g/kg）和 K_2O（0.15g/kg）以复合肥添加至育苗池水中，并搅拌溶解。将辣椒种子和不同处理的基质材料装入规格为 50 穴的方格穴盘中，进行室内育苗。

一、辣椒幼苗生长情况

与对照相比，根生物炭处理无论是 2% 添加量还是 5% 添加量处理幼苗的株高、茎粗、叶长和叶宽均小于对照；5% 主茎秆生物炭幼苗的株高、茎粗、叶长和叶宽也均小于对照；2% 细枝条生物炭处理幼苗茎粗、叶长、叶宽和叶绿素均高于其他处理，与对照相比分别增长 22.6%、14.7%、16.8% 和 31.3%。各处理植株叶绿素含量均高于对照。2% 根和 2% 混合生物炭处理幼苗第一节间距显著增加，2% 细枝条、5% 茎基部和 5% 主茎秆生物炭处理第一节间距显著降低；第二节间距各处理间差异均不显著；第三节间距除 5% 主茎秆生物炭处理显著低于对照处理外，其余处理与对照间差异均不显著。

相同材料生物炭不同添加量之间辣椒幼苗的株高、茎粗、叶长、叶宽和第一节间距除根生物炭处理，其余处理均表现出 2% 添加量大于 5% 添加量的趋势。除了细枝条生物炭处理外，其余材料生物炭 2 种添加量相比植株株高差异都显著。混合生物炭表现出 2 种添加量相比只有株高差异显著，而其余指标差异都显示出不显著的变化趋势。

二、辣椒幼苗生物量

生物炭可促进辣椒根的生长，添加生物炭各处理辣椒幼苗根生物量增幅为 7.69%～100%，除 2% 根、5% 根、5% 主茎和 5% 混合与对照差异不显著外，其余处理差异均达显著水平，以 5% 细枝条处理最高，其次为 2% 细枝条处理。同一材料 2 种添加量之间根、茎基部、粗枝条和混合生物炭差异不显著，主茎秆生物炭 2% 添加量显著高于 5% 添加量，细枝条生物炭则表现为 5% 添加量显著高于 2% 添加量。

不同生物炭处理对辣椒幼苗茎的影响效果不同，与对照相比，2% 根、5% 根和 5% 主茎干处理辣椒茎生物量降低，以 5% 主茎干处理最低，且与其他处理间差异均显著。其余生物炭处理增加了辣椒幼苗茎生物量，5% 茎基部处理最大，其次是 2% 细枝条处理，与对照相比，增幅分别为 43.2% 和 29.6%。同一材料 2 种添加量之间，主茎秆生物炭 2% 添加量显著高于 5% 添加量，这与其对根的影响效果表现一致，其他生物炭处理 2 种添加量之间差异均不显著。

辣椒叶生物量 2% 根、2% 混合、5% 根和 5% 主茎处理均低于对照，以 5% 主茎处理最小且显著低于对照；其余处理叶的生物量均增加，其中，2% 茎基部、2% 主茎、2% 粗枝条、2% 细枝条、5% 茎基部、5% 细枝条和 5% 混合处理均显著高于对照，以 2% 茎基部处理最高。同一材料 2 种添加量之间，主茎秆、粗枝条和混合生物炭处理 2 种添加量之间表现出差异性，主茎秆和粗枝条生物炭表现为 2% 添加量显著高于 5% 添加量，混合生物炭则表现为 5% 添加量显著高于 2% 添加量。

三、辣椒幼苗养分含量

生物炭促进了辣椒幼苗对氮、磷和钾的吸收。辣椒幼苗氮含量除 2% 根、2% 混合、5% 茎基部、5% 主茎干和 5% 粗枝条处理与对照间差异不显著外，其余生物炭处理辣椒幼苗氮含量均显著高于对照。辣椒幼苗磷含量各处理间差异均不显著，除 5% 粗枝条处理外，其余生物炭处理均高于对照。辣椒幼苗钾含量除 2% 茎基部、2% 粗枝条、2% 细枝条和 5% 细枝条处理与对照间差异不显著外，其余生物炭处理均显著高于对照。同种材料 2 种添加量之间，主茎秆和粗枝条生物炭对辣椒幼苗氮含量影响表现为 2% 添加量显著大于 5% 添加量处理，而辣椒幼苗钾含量表现为 5% 添加量显著大于 2% 添加量处理；根和细枝条生物炭 2 种添加量对辣椒幼苗氮、磷和钾含量的影响差异均不显著；混合生物炭 2 种添加量对辣椒幼苗氮、磷和钾含量的影响表现为磷和钾含量差异不显著，氮含量 5% 添加量显著高于 2% 添加量。茎基部生物炭 2 种添加量对辣椒幼苗氮、磷和钾含量的影响表现为磷和钾含量差异不显著，氮含量 2% 添加量显著高于 5% 添加量。

四、综合评价

通过主成分分析，根据提取出特征值大于 1 的原则提取 3 个主成分，贡献率分别为 47.22%、17.94% 和 16.96%，累计贡献率为 82.13%，表明 3 个主成分可以反映生物炭处理效果的 82.13% 信息。根据特征向量值乘以相对应的所有生物炭处理效果的隶属函数值，得到各处理效果对于 3 个主成分的单项得分，单项得分乘以相应的贡献率后相加，得出各生物炭处理的综合得分并排序。以主成分贡献率为权重，利用各样品前 3 个主成分的分值与权重值，计算出各生物炭处理的综合评价值，通常，综合分值代表了各处理的综合效果，分值越高对辣椒的影响效果最好，从而可知 12 种生物炭处理效果为 2% 细枝条 >2% 茎基部 >5% 细枝条 >5% 茎基部 >2% 粗枝条 >2% 主茎干 >5% 混合 >5% 粗枝条 > 对照 >2% 混合 >5% 根 >5% 主茎干 >2% 根。

第五章　节水灌溉及其理论研究

长期以来，一直认为作物在任何生育时期的水分亏缺都会造成减产，为了获得高产，整个生长期都必须充分供水，追求土地最高生产力水平。然而，随着全球淡水资源变得日趋紧缺，在评价一个国家的农业生产力水平时，除了产量因素外，更看重的往往是这个国家对灌溉水的有效利用程度，即如何做到节约用水的同时实现高产。根据理论研究与生产实践的结果表明，作物产量与灌水量呈抛物线关系，灌水量较少和水分不足时，产量与灌水量或耗水量之间呈显著的线性关系；当灌水量达到一定程度后，随着灌水量的增加，产量增加的幅度开始变小；当产量达到极大值时，灌水量再增加，产量不但不增加反而有所减少，呈现出“报酬递减”规律。因此，如何利用边际分析原理，确定合理的最佳灌溉定额与产量的关系，是指导节水灌溉、提高水分利用效率和经济效益的理论依据之一。

目前，随着微灌技术特别是滴灌技术在被越来越多地应用在温室辣椒生产中，国内外许多学者对微灌条件下温室辣椒需水规律及灌溉制度进行了研究。温室辣椒的产量取决于灌水量和灌水时间。确定辣椒的最佳需水规律，合理分配灌水量，是提高辣椒水分利用效率有力保障。温室辣椒产量与灌水量的不同呈抛物线关系，当灌水量较少，不能满足作物对水量的需求时，产量与灌水量之间呈显著的线性关系；当灌水量增加到一定程度后，产量增加的变化幅度随着灌水量的增加逐步变缓；当产量到达峰值时，作物产量与灌水量增加呈负相关，作物产量会出现降低的趋势。采用合理的灌溉制度，把作物的灌水定额高效准确地分配到辣椒各需水生育期内，确保作物对水分敏感期内的需水量，减少对作物水分非敏感期的供水，以期得到高产和实现高效水分利用。因此，研究温室辣椒节水灌溉应与非充分灌溉理论相结合，探寻温室蔬菜对水分的敏感期及敏感程度，寻求温室蔬菜各生育期的最优灌水量，为温室辣椒合理灌溉模式及节水灌溉理论的制定，提高温室蔬菜用水管理水平提供理论依据，温室蔬菜非充分灌溉理论研究对节约水资源、促进农业的持续稳定发展、提高农民生产收入都具有重要意义。

第一节　节水灌溉概论

作物产量不但取决于灌水量，更与其分配有关。在水量有限、供水不足的情况下，作物全生长期的总需水量及各生育阶段的需水量不可能得到全部满足，这将不可避免地引起作物不同程度的减产。但减产程度因作物种类、品种及在作物生育期中缺水产生的时段和缺水的程度而异。研究表明，等量缺水，不同作物的减产程度不同；等量缺水发生在作物的不同生育时段，引起的减产程度也不一样。因此，合理的灌溉，应是在弄清各种作物不同生育时期缺水减产情况的基础上，实行省水灌溉或最优化灌溉，把有限的水量在作物间及作物生育期内进行最优分配，确保各种作物水分敏感期的用水，减少对水分非敏感期的供水，从而设法提高灌溉水的有效性，以获得较高的产值和水分利用效率。

一、节水灌溉方式

节水灌溉方式主要有渠灌、管灌、微灌及喷灌等。现阶段比较先进的灌溉模式主要为滴灌，尤其以膜下滴灌技术更具优越性。但由于辣椒种植模式多样，导致不同灌溉模式同样发挥其重要作用。

田间地面灌水改土渠为防渗渠，输水灌溉可节水20%，推广宽畦改窄畦，长畦改短畦，长沟改短沟，控制田间灌水量，提高灌水的有效利用率，是节水灌溉的有效措施。管灌是利用低压管道（埋设地下或铺设地面）将灌溉水直接输送到田间，常用的输水管多为硬塑管或软塑管，该技术具有投资少、节水、省工、节地和节省能耗等优点。与土渠输水灌溉相比，管灌可省水30%～50%。微灌有微喷灌、滴灌、渗灌和微管灌等，将灌水加压、过滤，经各级管道和灌水器具灌水于作物根系附近，微灌属于局部灌溉，只湿润部分土壤，对部分密播作物适宜。微灌与地面灌溉相比，可节水80%～85%。

微灌与施肥结合，利用施肥器将可溶性的肥料随水施入作物根区，及时补充作物所需要水分和养分，增产效果好，微灌应用于大棚栽培和高产高效经济作物上。喷灌是将灌溉水加压，通过管道，由喷水嘴将水喷洒到灌溉土地上，喷灌是目前大田作物较理想的灌溉方式，与地面输水灌溉相比，喷灌能节水50%～60%，但喷灌所用管道需要压力高，设备投资较大，能耗较大，成本较高，适宜在高效经济作物或经济条件好、生产水平较高的地区应用。关键时期灌水在水资源紧缺的条件下，应选择作物一生中对水最敏感和对产量影响最大的时期灌水。

二、滴灌

滴灌是一种先进的灌溉技术，它能严格按照土壤水允许上下限指标进行控制灌溉的高效节水型灌溉新技术。高精度地控制土壤水分、营养和含盐量。它的基本原理是将水加压、过滤，必要时连同可溶性化肥或农药一起，通过管道输送至灌水器，以水滴形式，适时适量地向作物根系供应水分和养分。滴灌之所以非常节水，是因为它能频繁、缓慢地施加少量的水作用于作物的根部，使作物始终处在较优的土壤水分条件下，而避免了其他灌水方式产生的周期性水分过多和水分亏缺的情况，并能有效地减少深层渗漏。在滴灌条件下，作物根区土壤干湿兼有，这种干湿兼有的土壤水分可以同时满足作物生长及微生物活动所需要的湿度和通气性。高含水区供给作物任意吸收水分，低含水区土壤通气性良好，这样既能保证作物根系正常吸水和呼吸，又有利于土壤中微生物正常活动和繁殖，对有机质分解和土壤肥力的提高都有好处。滴灌条件下水、肥、气和热比较协调。

滴灌分为地上灌溉和地下灌溉两种方式。滴灌节水增产效果明显，较传统的地面灌溉节水50%以上、增产15%～25%，并可提高农产品品质。当今，世界上兴起研究新型地下滴灌的热潮。地下滴灌是指水通过地埋毛管上的灌水器缓慢流出渗入附近土壤，再借助毛细管作用或重力作用将水分扩散到整个根层供作物吸收利用。

三、膜下滴灌

覆膜是一种新型种植技术，具有提高地温、减少棵间蒸发和抑制盐分积累等特点。在传统的盐碱地改良和次生盐碱化防治中，目前主要采取了种植水稻、农田排水和施肥改良等措施。然而种植水稻的方法无法大面积推广，施肥改良见效慢，农田排水方法需要大量的淡水进行压盐冲洗，且排出的盐分对下游环境产生影响。在水资源缺乏和环境保护日益重视的今天，传统的改良方法无疑存在着应用危机。土壤次生盐碱化主要是由于灌溉水带入的盐分和地下水通过蒸发向土壤积累的盐分所形成的。因此控制土面蒸发和减少灌溉水量是控制土壤次生盐碱化的重要途径。地膜覆盖是利用聚乙烯塑料薄膜，严密地覆盖农田地面，因地膜具有透光性好、导热性差和不透气等特性，使水分只能在膜下形成内循环，构成了纵向上升和横向渗透相结合的水分运动规律，因而其保墒效果十分明显，从而达到了增加地温、节水保墒、减少棵间蒸发和抑制盐分积累的效应。据统计，地膜覆盖大大减少了地表和作物棵间蒸发，用水量是传统灌溉方式的 1/8，是喷灌的 1/2，是裸地滴灌的 60%。

膜下滴灌是将覆膜种植技术与滴灌节水技术结合起来的灌溉技术，是近几十年来发展起来的新的节水灌溉技术，膜下滴灌小而频繁灌溉，减少了灌区灌溉水的渗漏，使得地下水下降，改善了耕作层的水文地质环境，而且在滴灌的淋洗作用下，可以在根区形成利于作物生长的淡化区，为作物根系创造一个良好的水盐环境。由于地膜覆盖减少棵间蒸发，抑制地下水盐分上移，切断了其次生盐碱化的来源。现已证明膜下滴灌具有很大的优越性，具体表现在：

（1）膜下滴灌技术的采用，打破了西北干旱半干旱地区长期以来采用修建排水系统改良盐碱地的传统思路，避免了利用排水系统洗盐和压盐所带来的一系列问题。膜下滴灌系统中不需要修建排水系统而占用大量耕地，减少了土地浪费现象，从而提高了土地利用率，不存在坍塌问题，因此节省了大量的人力、物力和财力，减少了工程投资，不需要大的灌溉定额冲洗改良盐碱地，因而大大节省了水源，无排水问题，防止了环境污染。而滴灌系统自动控制的可行性使得膜下滴灌操作方便，比其他灌溉方式更便于维修与管理。

（2）盐碱地采用滴灌灌水时，不断滴入土体的水分对土壤中的盐分有淋洗作用，即“盐随水来”。当滴头流量适宜时，可将土体中过多的盐分带出主根区范围，而在作物主根系生长区形成一个盐分浓度较低的淡化脱盐区，为作物的生长提供了一个良好的水盐环境。加之覆膜后由于边界条件改变，土壤蒸发率大大减少，盐分上行受到抑制，土壤返盐率也随之大大降低。而且滴灌是一种节水灌溉方式，水量浪费极小，土壤中的大部分水分被作物蒸腾所消耗，对区域内地下水动态平衡不会产生很大影响。在干旱半干旱地区，翌年春季升温时，不会发生地下水位升高引起的土表大量积盐问题，因而避免了土壤次生盐渍化的发生。

（3）覆膜后的土壤平均温度比露地高出 2 ～ 5℃，这对于防止春季气候突变（如倒春寒或冰雹）引起温度变化后导致出苗率减少有很大作用。但在夏季高温情况下，土壤温度过高会对作物的呼吸作用产生抑制作用，从而影响作物正常的生长。滴灌节水方式下灌溉频率高，水滴滴入土体后会对土壤尤其是作物根部的表层土壤产生立即降温作用，同时，由于含水量增大提高了土壤的热容量，土壤增温速度相对变慢，因而使膜下土壤温度不致高到对作物产生危害的程度。

四、膜下滴灌技术国内外研究现状

国内外对地下滴灌的研究不仅停留在节水增效方面，而且已涉及地下滴灌的毛管埋深、毛管和滴头间距以及灌溉制度等方面。有研究认为，毛管埋深必须与土壤条件、作物根系深度及耕作要求等相适应，埋深对灌水均匀度和深层渗漏等有较大影响，较宽的间距导致较低产量和较差的水平分布均匀性，当然，适当扩大毛管间距可以降低地下滴灌的投资。也有研究提出，可将滴头间距从上段到下段逐渐减小，以提高灌水均匀度。据有关资料统计，美国目前地下滴灌面积占微灌面积的 65.6%，在美国南卡罗来纳州，地下滴灌条件下的甜玉米产量比沟灌高 1% ～ 4%，番茄产量提高 20%，卷心菜和夏季南瓜产量均提高 35%，而玉米、棉花、高粱、甜瓜和部分蔬菜的产量基本持平。我国自引入滴灌设备至今，地面滴灌技术应用和设备开发已取得长足的进展，目前已广泛用于蔬菜等各类经济作物，其面积占微灌面积的 10% 左右。资料表明，滴灌可使番茄增产 75%、水果增产 20% ～ 50%、蔬菜增产 1 ～ 2 倍、粮食作物增产 20% ～ 40%；有研究在 pH 值为 7.3 的砂质黏壤土上用滴灌和沟灌进行甜瓜试验，发现滴灌甜瓜产量比沟灌高 28.2%。温室地下滴灌渗灌与沟灌相比，甜瓜增产 6%、番茄增产 11%、草莓增产 15%。在沙地进行的大田滴灌与沟灌西瓜的比较试验也表明，滴灌较沟灌节水 32% ～ 50%，平均产量达 4 550kg/hm^2，增产 11% ～ 24.8%。

滴灌不可避免地具有滴头堵塞、灌水均匀度不易控制、不利于种子发芽和苗期生长、运行管理要求高等缺点。尽管如此，滴灌技术的显著优点和巨大的节水潜力仍受到广大经济作物种植户的欢迎和专家的重视，滴灌也已广泛应用于大田蔬菜、粮食及经济作物，在运行上向半自动化和自动化方向发展，使用上向施肥、喷药和降温除尘等多目标化方向发展。

第二节 节水灌溉理论研究进展

节水灌溉作为一门新兴的技术，对提高灌溉水资源的整体利用率，增加农作物的产量，缓解全球性水资源紧缺，实现农业的可持续发展具有重要意义。近年来，随着非充分灌溉、调亏灌溉与局部灌溉等节水灌溉概念与方法的提出，对促进传统的粗放型农业向现代精细化农业转变，起到积极的推进作用，使得这门新兴的节水灌溉学科得到了快速发展。

一、非充分灌溉

非充分灌溉就是在灌溉水源不能充分满足限定范围内作物的需水要求时，制约作物正常发育，达不到最大单产的条件下，可通过抑制作物非关键生育期的需水量，允许水分亏损和降低单产，以一定量的水补灌限定面积内种植作物的需水量，使群体统存并长，获得总体产量较大的一种灌水技术。非充分灌溉是在水资源不足条件下，根据水量和作物产量间的关系，实施的水量投入与产出之间的最优分配。因此非充分灌溉研究应包括两方面内容：即水 – 作物产量之间的函数关系研究；系统工程学中优化理论在灌溉管理策划中的应用。

我国的非充分灌溉目前发展比较完善，20 世纪 80 年代初，Jensen 模型的应用使得非充分灌溉研究从定性阶段提高到定量阶段，但由于模型的敏感指数确定受试验条件、试验设计和试验管理等种种因素的影响，其结果难免出现误差，且现有的水分生产函数模型参数主要依靠数理统计分析方法确定，在参数求解时，试验数据的多少对其求解结果影响较大，在试验数据较少的情况下，对参数求解结果的影响更为显著。所以对作物水分生产函数还有待进一步研究。有针对传统的田间水利用效率计算方法，提出了基于非充分灌溉理论的田间水利用效率的计算方法。在当前水资源紧缺的大背景下，势必注重以较少的灌溉水，去获得较高的产量，因此非充分灌溉将是未来节水农业的主要发展方向，是实现农业可持续发展的有效途径。

二、调亏灌溉

调亏灌溉又称调控亏水灌溉，基于作物的生理生化作用受到遗传特性或生长激素的影响，在作物生长发育的某些阶段主动施加一定的水分胁迫（即人为地让作物经受适度的缺水锻炼），从而影响其光合产物向不同组织器官的分配，达到提高其经济产量而舍弃营养器官的生长量及有机合成物的总量，同时因为营养生长减少还可提高作物种植密度、提高总产量和改善作物品质。研究调亏灌溉对作物生长发育和生理机制的影响，有助于从理论上认识作物不同阶段水分胁迫对水分散失、光合作用及其产物分配与向经济产量转化效率影响的动态过程，确定调亏灌溉条件下作物群体光合产物的最优分配策略；探索不同阶段经历不同程度的亏水后重新复水对生长和产量的补偿效应；在认识作物节水生理机制的基础上，最充分地利用作物自身的生理生化特性，以便在作物生长的某个阶段有意识地对其进行亏水方式，使其经受适度的水分胁迫，利用作物自身的调节和补偿功能最终达到节水增产的目的。

调亏灌溉研究的主要目的是解决如下几个关键技术问题：一是研究主要农作物不同生育期对不同程度水分胁迫的反应，这是作物调亏灌溉的理论基础。作物在水分胁迫后是否存在补偿或超补偿效应，目前国际植物生理学界尚未达成共识。但一般都认为植物在胁迫后存在快速生长，具备形态可塑性，称为植物对水分的适应性对策。同时，也有人观察到光合速率有同样的反映。二是调亏灌溉指标的确定。调亏灌溉涉及如何有效地对作物生长发育规律进行研究，作物是否缺水、缺水到什么程度？缺水对作物生长发育乃至产量的影响到底如何？对某一特定地区的特定作物，何时调亏和何种调亏水平对作物生长发育比较有利？这些都是调亏灌溉研究与应用中首先应该解决的问题。因此，研究不同农作物的最佳调亏阶段、最佳调亏程度及调亏灌溉条件下的灌水时间和灌水定额尤为重要。三是调亏灌溉综合实施技术的研究。包括与调亏灌溉相配套的灌水技术与管理技术的研究，研究和优选与调亏灌溉相适应的灌水技术及相应的农业技术措施。利用和消耗水分的过程作为节水农业研究的一项重要内容被人们所重视。调亏灌溉是节水灌溉技术之一，它有别于非充分灌溉。非充分灌溉的主要目标是解决有限水量在作物全生育期的最佳分配，把有限水量用在作物对水分最敏感的阶段，它可通过减少单位面积用水来增加非充分灌溉面积，通过着眼于一个地区总的经济效益最大，而不是单产最高。调亏灌溉与非充分灌溉的相同之处在于：它们的目标一致，即节水高效；方法类似，即在作物需水不敏感时控水。它们的最大区别在于调亏灌溉属于主动节水，完全从作物生理出发，通过产生的适度缺水而舍弃部分干物质生产，但却可获得最大的经济产量或提高产品的品质。调亏灌溉是在作物缺水条件下实施的一种节水灌溉技术，必须依赖于先进的灌水技术和管理技术，否则适度缺水可能演变成严重缺水而对作物生长和产量造成较大影响。与此同时，调亏灌溉也应与一些农业节水技术措施如改良土壤以提高其保水性能、利用覆盖技术等相结合，所以调亏技术的最终推广必然依赖于研究和选择适宜的灌水方法和农业耕作措施等多项技术的组装配套。

三、控制性交替灌溉

控制性作物根系分区交替灌溉以作物根系交替灌溉为技术特征，是在研究作物节水型灌溉制度和灌水关键时期的基础上，着重研究使作物根系土层的交替湿润和干燥效应，这样可以使不同区域部位的根系交替经受一定程度的干旱锻炼，从而减少无效蒸腾和总的灌溉用水量。研究发现，在土壤垂直剖面或水平面的某个区域保持干燥，而仅让一部分区域灌水湿润，交替控制部分根系区域干燥、部分根系区域湿润，以利于通过交替使不同区域的根系经受一定程度的水分胁迫锻炼，刺激根系吸收补偿功能，以及作物部分根系处于水分胁迫时产生的根源信号脱落酸传输至地上部叶片，以调节气孔保持最适开度，达到以不浪费作物光合产物的积累而大量减少其蒸腾耗水目的。同时还可减少再次灌水间隙期间棵间土壤湿润面积，减少棵间蒸发损失以及因湿润区向干燥区的侧向水分运动而减少深层渗漏。控制性作物根系分区交替灌溉在田间可通过水平和垂直方向交替给局部根区供水来实现。

控制性作物根系分区交替灌溉主要包括如下几种形式。一是田间控制性分区交替隔沟灌溉系统，即在相邻两沟和两次灌水之间实行干湿交替，本次灌水的沟下次灌水时干燥，而本次未灌水（干燥）的沟下次灌水时湿润（供水），始终保持一部分根系生长在较干燥的土壤区域中。二是田间控制性分区交替滴灌系统，即在作物的滴灌系统中，采用移动式滴灌系统在宽行距作物两侧轮流灌水；或采用双管式固定滴灌系统，交替使用双管，始终使一部分根系保持在干燥的土层中生长，使树干或茎秆两侧的土壤交替湿润。三是田间控制性水平分区交替隔管地下滴(渗)灌系统。类似于控制性分区交替沟灌系统，适用于宽行作物。在各次灌水之间，地下滴灌或渗水管道实行轮流供水，始终保持有部分根系经受一定程度的水分胁迫锻炼，以达到最优调节气孔开度和刺激根系吸收补偿功能之目的。四是田间控制性分区交替隔畦灌溉系统，作物种植在宽垄（作为畦埂）上，可采用管道供水。五是田间控制性垂向分区交替灌水系统，可采用地下滴（渗）灌和地表灌溉相交替的方式来实现。

四、局部灌溉

局部灌溉是将水直接适量地输送到作物根区土壤，在满足作物需水要求的情况下，保持作物根区以外部分土壤干燥的一种灌水方式。最具代表性局部灌溉方式即为滴灌，它是将水滴灌的方式输送至作物根部土壤，将水通过滴灌管材直接输送至作物根部形成水滴滴入根区土壤，经土壤颗粒吸水扩散后湿润作物根区土壤，给作物根系层供水。滴灌在保证作物正常需水的情况下，能有效减少水分蒸发，在温室中应用的时候可以改善温室内环境，同时控制空气湿度减少病虫害发生。20 世纪 60 年代，以色列农业科技工作者发明了这项技术，截至目前，仍然是世界最先进的节水灌溉技术及理论。

近年来，滴灌在我国设施农业生产中得到了广泛的应用与发展，国内外专家学者对基于滴灌条件下的作物需水规律及灌溉制度进行了大量试验研究，结果表明滴灌在节水的前提下，能有效控制空气湿度，减少病虫害发生。

第六章 辣椒灌溉制度

辣椒主要灌溉方式有地面灌溉（开沟灌、浸渍灌和壕灌等）、滴灌、渗灌及喷淋等。在渗灌条件下，设置了4个灌水下限，分别为田间持水量的45%～55%、55%～65%、65%～75%和75%～85%，研究不同土壤水分对辣椒长势、叶绿素、产量和水分利用效率的影响，结果表明，灌水下限为田间持水量的55%～65%时，辣椒的产量和水分利用效率最高。在滴灌条件下，设置了3个灌水下限，分别为田间持水量的45%～60%、60%～75%和75%～90%，研究不同灌水下限对辣椒生长的影响，其结果与沟灌灌溉方式进行比较，结果表明，滴灌辣椒全生育期耗水量分别为228.3mm、271.7mm和345.2mm，沟灌辣椒全生育期耗水量为440.1mm，苗期、初花初果期和盛果期的日均耗水量分别为0.3～1.0mm、0.7～2.2mm和2.4～5.3mm。对温室辣椒的灌溉需水特性和产量进行了研究，试验设置了3个水平、9个处理，结果表明，全生育期均正常灌溉的处理产量最高，全生育期耗水量为288.65mm，苗期日耗水量为1.65mm，开花坐果初期日耗水量为2.66mm，结果盛期日耗水量为5.77mm，结果后期日耗水量为3.42mm。根据盆栽试验，对在膜下滴灌及滴灌条件下，作物开花坐果初期耗水规律进行研究，试验利用蒸发皿估算温室内的辣椒耗水量，两种灌溉方式下灌水量分别设3个处理，结果表明，膜下滴灌和滴灌灌水方式下，植株平均耗水量分为0.87mm/d和2.0mm/d。通过盆栽试验，研究膜下滴灌、无膜滴灌和漫灌方式下，将每个处理的全生育期分为缓苗期、开花坐果期和盛果期3个时期，研究日光温室辣椒的耗水规律，结果表明，膜下滴灌、无膜滴灌和漫灌在缓苗期、开花坐果期和盛果期的日耗水量分别为0.66mm、0.84mm、2.42mm；1.84mm、1.88mm、3.12mm；2.17mm、2.30mm、3.66mm，日均耗水量分别为1.78mm、2.64mm、3.09mm，全生育期耗水量分别为162mm、240mm和281mm。研究喷灌条件下，在辣椒3个阶段的生育周期，发现辣椒日耗水强度定植至初果为1.44mm，灌水周期为8d；出果至盛果为5.61mm，灌水周期为5 d；盛果至果末为3.24mm，灌水周期为6d。甜椒一次最小灌水量为10mm、平均灌水量为25.2mm、最大灌水量为35.0mm，若按天算，1d最小灌水量为3.9mm、平均灌水量为7.2mm、最大灌水量10.0mm，灌水间隔天数最小为2.6d、平均为3.47d、最大为4.3d。研究在半干旱地区，枕式灌溉（Water pillow irrigation）和沟灌两种方式下辣椒的灌溉制度，试验将辣椒控制灌水天数分别设置为5d、7d、9d和11d，结果表明，在半干旱地区枕式灌溉能够节约水资源和增加辣椒的产量。在滴灌条件下，将灯笼椒分3个灌水间隔，即3～6d、6～11d和9～15d，同时将灯笼椒的作物系数分别设置为0.5、0.75和1.00，结果表明，在灌水间隔为3～6d，作物系数为1.0时，灯笼椒能够获得较高的产量和品质。

因此，基于国内外温室作物灌溉制度研究现状，以日光温室辣椒为研究对象，以高产、优质、节水为目标，优化辣椒各生育期灌水量为目的，制定相关研究内容具有重大意义。

第一节　不同水分处理对辣椒生长的影响

土壤水分状况是作物生长发育过程中最重要的环境因子之一，不同时期的水分处理对辣椒的生长发育都会造成显著的影响，通过试验数据，对不同水分处理与辣椒产量、品质（维生素C）及水分利用效率的影响关系做深入分析。辣椒的整个生育期划分为4个阶段，分别为苗期、开花坐果期、结果盛期和结果后期。不同生育期充分灌水、轻度亏水、中度亏水和重度亏水的灌水下限分别为田间持水的80%、70%、60%和50%。

一、对辣椒产量的影响

不同时期的亏水处理对温室辣椒产量会造成一定影响，总体而言，亏水程度越重，对产量的影响越大。就苗期而言，不论在0.05还是0.01精度条件下，苗期的轻度亏水和对照并无显著性差异，即苗期轻度水分亏缺，对作物产量的影响不大，但是中度和重度亏水对辣椒产量的影响却极其显著，同时中度和重度亏水对产量影响差异不大；在作物的开花坐果期，轻度的水分亏缺就会对产量造成极其显著的影响，同时轻度和重度亏水对产量的影响也极为显著，可见该时期土壤水分状况对产量的影响十分重要，是辣椒对水分较为敏感的时期；在作物的结果盛期，轻度的水分亏缺对辣椒的产量影响不大，但中度和重度亏水则会对产量造成极其显著的影响。同时中度和重度亏水两者造成的产量差异也比较显著。在辣椒的结果末期，不同程度的水分亏缺对辣椒产量的影响均不显著。不同生育期亏水产量的影响，开花坐果期和结果盛期亏水对产量的影响比较大，苗期次之，结果末期则影响不大。

在不同水分处理下的阶段耗水量与全生育总耗水方面，发现不同阶段的亏水处理，均会对辣椒的阶段耗水量产生显著的影响，辣椒耗水最主要发生在结果盛期，在该时期进行水分调控，对于生育期总耗水的影响最为显著，在其他耗水时期，由于阶段耗水强度和生育期时长均较小，所以各处理间耗水量的绝对差异并不显著。在不同水分处理条件下，温室辣椒全生育期总耗水量能较好地反映不同水分胁迫下的耗水状况，不同处理间耗水的差异主要来自水分处理。

在辣椒耗水量对产量的影响方面，开花坐果期和全生育期总耗水量与产量均呈现显著或极其显著的相关关系。而在其他生育阶段耗水量与产量的关系则并不显著。生育期总耗水量和产量均呈现显著的相关性。随着供水量的增加，产量有明显的增加趋势，但是由于总水量在不同生育阶段分配的不同，导致了相同供水率条件下产量的波动性。为了更加合理地利用水资源和有效提高水资源的利用率，通过试验监测数据，建立水分生产函数模型，并通过模型对不同生育阶段的水量分配进行优化，进而得到相同耗水量条件下最优的灌水策略。

二、对辣椒维生素 C 含量的影响

不同时期的水分亏缺均会对辣椒的维生素 C 含量造成影响：苗期不同程度的水分亏缺均会对辣椒维生素 C 含量造成极其显著的影响；开花坐果期重度亏水对维生素 C 含量有显著影响，轻度和中度亏水对产量的影响极其显著；

结果盛期轻度亏水对维生素C含量影响不显著，中度和重度亏水对维生素C影响极为显著；生育末期的中度亏水会对维生素C含量产生显著影响，但轻度和重度亏水处理则无明显影响。总体而言，适度的水分亏缺会对维生素C含量造成一定的影响，但是其和耗水量的定量关系并不十分清晰。

温室辣椒维生素C含量和各生育期产量的关系不显著：一方面由于维生素C含量受多因素综合影响；另一方面试验基于水分生产函数设定试验，对不同水分胁迫下的各个处理没有充分考虑，所以并没有得到显著的结果。

三、对辣椒水分利用效率的影响

不同时期水分亏缺对辣椒水分利用效率的大小产生一定影响，但是只有苗期重度亏水、开花坐果期中度和重度亏水会对水分利用效率产生极其显著的影响，严重的水分亏缺会造成水分生产效率的显著下降，除此之外的其他阶段水分亏缺均不会对辣椒的水分利用效率产生显著的影响。

作物的水分生产效率和开花坐果期的耗水量关系比较显著，其他生育期亏水则对水分利用效率的影响不大，这主要是因为开花坐果期亏水，会严重地影响温室辣椒的开花和坐果，导致产量的严重下降。这也说明，开花坐果期是辣椒产量影响最敏感的时期，在实际生产中，不建议在本阶段进行水分亏缺处理。

第二节　水分对温室辣椒生长关键指标综合评价

由于不同试验方案水分胁迫处理设计各生育期土壤含水率下限不同，得到其对应的各处理不同生育期灌水量和产量不同，因此在综合考虑温室辣椒灌水量、产量和品质的情况下，如何在各处理中找到一个能够反映高产、优质和节水的最优处理，就需要运用综合评价法来进行分析。根据试验得出的各组不同灌水处理结果，将辣椒的产量、品质（维生素C）及水分利用率作为评价高产、优质和节水灌溉制度的评价指标体系，对不同水分处理下温室辣椒的生产状况进行综合评价。为了使得这3个指标的综合评价更加科学和合理，采用主成分分析法对各个因子的主成分分别进行提取，进而进行综合评价，从而选取出适宜的水分处理。同时，采用遗传算法的原理对综合评价较好的各个处理土壤含水量进行优化。

一、主成分分析

主成分分析是采取一种数学降维的方法，找出几个综合变量来代替原来众多的变量，使这些综合变量能尽可能地代表原来变量的信息量，而且彼此之间互不相关。这种把多个变量化为少数几个互相无关的综合变量的统计分析方法就叫作主成分分析或主分量分析。

主成分分析法的计算步骤主要包括主成分分析的数学模型、主成分的求法和标准化变量的主成分。

二、关键指标综合评价

选择能够反映温室辣椒产量、品质维生素 C 及水分利用率 3 方面指标，构建温室辣椒高产、优质和高效的评价指标体系，并采用主成分分析法对不同因子的权重进行赋值，求得最终函数值，并利用函数值这个综合评价得分，对不同试验处理进行综合评价。

根据关键指标综合评价结果，在辣椒苗期、开花坐果期、结果盛期和结果后期 4 个阶段共 13 个水分处理（包括一个对照）过程中，发现苗期、开花坐果期和结果盛期灌溉后田间持水量均为 80%，而结果后期田间持水量为 60%、70% 或 80% 的灌溉处理效果最好；而结果盛期田间持水量为 70%，其他时期均为 80%，灌溉处理效果也较好。

第三节　温室辣椒生产适宜土壤含水率优化

采用遗传算法对土壤的适宜含水量进行优化，遗传算法的核心思想借鉴了达尔文的进化论原理和孟德尔的遗传学说基因遗传原理，遗传算法操作基于适者生存的原则，在求解的过程中，种群根据选择、交叉、变异逐次产生一个解的策略，其中选择、交叉、变异构成了遗传算法的遗传操作，然后根据不断地迭代进化进行个体选择，最终收敛到最优解。

一、土壤含水率遗传算法

遗传算法之所以能有效提出解决方案，其最重要的原理依据来源于模式定理和积木块假设。模式定理为遗传算法提供了优化的机会，而积木块假设使遗传算法拥有了优化的本领。

模式定理通过影响遗传算法操作中的选择算子、交叉算子和变异算子，就能掌握问题中什么特性被延续、什么情况能放弃，从而实现遗传算法优化的可能性。

根据模式定理可知，具有阶数低、长度短、平均适应度高于群体平均适应度的模式在子代中将以指数级增长，这类模式统称为积木块。积木块假设为低阶、短距、高平均适应度的模式（积木块），在遗传算子的作用下，相互结合，能生成高阶、长距、高平均适应度的模式，可以最终生成全局最优解。以上论述从理论上证明了遗传算法既具备寻找最优解的条件，同时也具备找到全局最优解的能力。这为研究中寻找辣椒最适土壤含水率提供了强有力的理论基础。

二、土壤适宜含水量优化结果

根据苗期、开花坐果期和结果盛期灌溉后田间持水量为 80%，而结果后期田间持水量为 60%、70% 或 80% 的 3 个灌溉处理为最优方案，故仅对这 3 个处理的相应生育阶段末期土壤储水量进行分析。呈现了遗传算法优化时上述 3 个处理分别在苗期末、开花坐果期末、结果盛期末、结果后期末土壤储水量的变化过程。4 个时期均为 80% 灌溉处理中：辣椒苗期末土壤储水量在 75.72 ～ 77.90mm 变化；开花坐果期末土壤储水量在 114.26 ～ 155.60mm 变化。苗期、开花坐果期和结果盛期田间持水量为 80%，结果后期田间持水量为 60% 灌溉处理中：结果盛期末土壤储水量在 97.57 ～ 121.61mm 变化；苗期、开花坐果期和结果盛期田间持水量为 80%，结果后期田间持水量为 70% 灌溉处理中：辣椒结果后期末土壤储水量为 113.10mm；由于上述土壤储水量变化过程都是在不同灌水量下的最优值，所以将这一过程中的土壤储水量最大值作为辣椒生育末期土壤最适含水量的上限，将模型对该生育末期土壤储水量的约束下限作为最适土壤含水量的下限，则辣椒苗期最适土壤储水量的范围为 48.75 ～ 77.90mm，开花坐果期最适土壤储水量的范围为 113.10 ～ 155.97mm，结果盛期最适土壤储水量的范围为 97.50 ～ 121.61mm，结果后期最适土壤储水量为 113.10mm。将土壤储水量范围通过公式转换为占田间持水率的体积含水率，苗期为 62.5% ～ 99.5%，开花坐果期为 72.5% ～ 99.9%，结果盛期为 62.5% ～ 65.0%，结果后期为 72.5%。

以作物水分生产函数为目标函数，以灌水量和辣椒各生育阶段末的土壤储水量为决策变量，运用遗传算法对土壤储水量进行优化，进而获得最优适宜土壤含水率范围。从结果可以看出，基于遗传算法对温室辣椒适宜土壤含水率范围优化结果是比较符合实际的，为温室辣椒灌溉制度的确定提供了理论基础。

第四节　温室辣椒合理灌溉水量动态优化

在辣椒不同生育阶段，不同灌水量均会对辣椒的产量产生显著影响。所以对辣椒的灌水量进行优化，最大程度地提高水资源的利用率，对温室辣椒生产具有至关重要的意义。运用编制的优化程序，按照程序操作流程，进行模型选择，输入参数后，采用动态规划格点法、动态逐次渐近、遗传算法和自由搜索算法对辣椒各生育期灌水量进行优化，并将 4 种算法的优化结果进行对比分析，得出温室辣椒最合理的灌溉水量。

一、动态规划格点法优化结果

作物相对产量随灌水量的增加而增长，但并不是无限度增长，当灌水量增加到一定数量的时候，相对产量增长明显放缓或不再增长，故可以认为，当相对产量增长放缓或不再增长时的临界值所对应的灌水量，即为该优化方法下的最优灌水量。基于动态规划格点法优化的相对产量增长临界值为 0.92，其对应的灌水量为 285mm，当灌水量在 285mm 以下时，相对产量稳步增长，当灌水量增加至 285mm 时，相对产量达到最大值 0.92，当灌水量在 285mm 的基础上继续增加，相对产量始终保持在 0.92 不再发生变化，由此可得，基于动态规划格点法温室辣椒生育期内作物最佳灌水量为285mm，其中，苗期的灌水量为30mm，开花坐果期的灌水量为60mm，结果盛期的灌水量为105mm，结果后期的灌水量为90mm。

二、动态逐次渐近法优化结果

基于动态规划逐次渐近法优化的相对产量增长临界值为0.94，其对应的灌水量为240mm，当灌水量在240mm下时，相对产量稳步增长，在灌水量增加至240mm时，相对产量达到最大值0.94，当灌水量在240mm的基础上继续增加，相对产量始终保持在0.94不再发生变化，由此可得，基于动态规划逐次渐近法温室辣椒生育期内作物最佳灌水量为240mm，其中，苗期的灌水量为30mm，开花坐果期的灌水量为45mm，结果盛期的灌水量为90mm，结果后期的灌水量为75mm。

三、遗传算法优化结果

相对产量随灌水量增加而增长的临界值为0.97，其对应的灌水量为285mm，当灌水量在285mm以下时，相对产量增长较为明显，平均每增加15mm灌水量，相对产量增加0.04。当灌水量在285mm以上时，随着灌水量增加，相对产量增长明显减缓，平均每增加15mm灌水量，相对产量增加0.02。由此可知，基于遗传算法优化结果的辣椒全生育期最佳灌水量为285mm，其中，苗期的灌水量为27mm，开花坐果期的灌水量为78mm，结果盛期的灌水量为109.5mm，结果后期的灌水量为70.5mm。

四、自由搜索算法的优化结果

相对产量随灌水量增加而增长的临界值为0.96，其对应的全生育期灌水量为270mm，当灌水量在270mm以下时，相对产量随灌水量增加而增长的幅度较为明显，平均每增加15mm灌水量，相对产量增加在0.01以上。当灌水量在270mm以上时，随着灌水量增加，相对产量增长明显减缓，平均每增加15mm灌水量，相对产量增加在0.001以下。由此可知，基于自由搜索算法优化结果的辣椒全生育期最佳灌水量为270mm，其中，苗期的灌水量为23mm，开花坐果期的灌水量为65mm，结果盛期的灌水量为100mm，结果后期的灌水量为82mm。

五、四种优化算法的对比分析

根据4种优化算法各自对应的最佳灌水量、各生育期灌水量及相对产量，可知动态规划逐次渐近法的灌溉水量最小，为240mm，但其相对产量也是最小，自由搜索法的相对产量最大，为0.96，遗传算法与动态规划格点法的优化结果最为接近，为285mm。将实测数据换算为相对产量，并以全生育期耗水量为横坐标，将实测的相对产量布成趋势图，结合4条优化结果曲线，可以看出，遗传算法与动态规划格点法优化结果曲线变化趋势基本一致，优化结果最为接近，相对于动态规划格点及自由搜索法优化结果曲线，其与实测数据散点趋势曲线更为接近，拟合度较高，对现实具有指导意义，进而确定温室辣椒全生育期的最佳灌水量为285mm。

六、小结

分别采用动态规划法、遗传算法及自由搜索算法对辣椒各生育期的灌水量进行了优化，经过分析后得出，作物相对产量随灌水量的增加而增长，但并不是无限度增长，当灌水量增加到一定数量的时候，相对产量增长明显放缓或不再增长，故可以认为当相对产量增长放缓或不再增长时的临界值所对应的灌水量，即为该优化方法下的最优灌水量。优化结果为：基于动态规划格点法温室辣椒生育期内作物灌溉水量以240mm为最佳，其对应苗期、开花坐果期、结果盛期和结果后期的灌水量分别为30mm、45mm、105mm和90mm；基于动态规划逐次渐近法温室辣椒生育期内作物灌溉水量以240mm为最佳，其对应苗期、开花坐果期、结果盛期和结果后期的灌水量分别为30mm、45mm、90mm和75mm；基于遗传算法温室辣椒生育期内作物灌溉水量以285mm为最佳，其对应苗期、开花坐果期、结果盛期和结果后期的灌水量分别为27mm、78mm、109.5mm和70.5mm；基于自由搜索法温室辣椒生育期内作物灌溉水量以270mm为最佳，其对应苗期、开花坐果期、结果盛期和结果后期的灌水量分别为23mm、65mm、100mm和82mm。

对4种优化算法进行对比分析结果表明，动态规划逐次渐近法的灌溉水量最小为240mm，自由搜索法的相对产量最大，为0.96，遗传算法与动态规划格点法的优化结果最为接近，为285mm。综合4种算法及实测数据趋势曲线，得出遗传算法与动态规划格点法优化结果曲线变化趋势基本一致，且两者得出的优化结果最为接近，相对于动态规划格点及自由搜索法优化结果曲线，其与实测数据散点趋势曲线更为接近，拟合度较高，对现实具有指导意义，进而确定温室辣椒全生育期的灌水量为285mm。

第七章　辣椒定额灌溉研究

蔬菜生育期内，不同灌溉方式下，水分的入渗及灌水量都不同，即使同种蔬菜在各生育期的耗水强度和耗水量也有差异。对不同灌溉定额下作物土壤剖面水分分布研究表明，土壤中水分的分布状况直接与作物的根系分布密切关联，灌溉方式和灌水量都会对作物的水分利用效率和水分的时空分布产生影响。辣椒是一年生浅根性草本植物，根系细弱不发达，两侧发根且数量少，大多毛根分布于浅土层，既不耐旱又不耐涝。其根群主要分布在土表 10 ～ 15cm 的土层内，因此土壤含水量是影响辣椒旱作栽培的主要因素。由于辣椒属浅根性植物，根系较为细弱，吸收养分能力不强，既不耐旱也不耐涝，土壤干旱或灌水过多均易造成根系生长不良、植株生长缓慢、产量降低和品质下降等问题。辣椒在生育期间对水分要求严格，辣椒的单株需水量并不多，由于它根系不发达，分布范围小且浅，吸水能力差，开花坐果期要为其营造适宜的环境条件，才能提高坐果率。根系是作物吸收水分和养分的主要器官，其生长发育和土壤水分密切相关，通过改变土壤水分状况及其分布，调节根系生长，可调节作物向高产和高水分利用效率方向转变。

有研究以灌水定额、灌水周期和灌水次数为试验因素，针对日光温室辣椒开展完全组合的膜下滴灌灌溉制度试验，结果为：日光温室冬春茬辣椒全生育期共持续 180 ～ 215d，较适宜的灌水次数为 30 ～ 38 次，平均灌水周期为 5 ～ 6d，灌水定额为 255 ～ 270m^3/hm^2，全生育期适宜的灌溉定额为 7 500 ～ 9 750m^3/hm^2。研究干旱气候条件下畦灌和膜下滴灌两种灌溉方式和 6 种灌水定额（30.0mm、37.5mm、45.0mm、52.5mm、60.0mm 和 67.5mm）对辣椒生长的影响，结果表明，采用畦灌方式时，45.0mm 灌水定额下的辣椒株高、茎粗、地上部干重和产量等指标综合表现较好，最终产量达到 126 555.89kg/hm^2；采用膜下滴灌方式时，45.0mm 灌水定额下的辣椒长势最好，最终产量高达 14 843.30kg/hm^2。相同灌水定额（45.0mm）下两种灌溉方式比较结果显示，膜下滴灌方式下的辣椒株高、茎粗和产量分别比畦灌方式下高，说明在干旱气候条件下，辣椒全生育期采用"膜下滴灌，45.0mm 灌水定额，灌水 5 次"的灌溉组合方式较为适宜。研究辣椒采用膜下滴灌方式灌溉，设计了 170m^3/ 亩、195m^3/ 亩、220m^3/ 亩、245m^3/ 亩、270m^3/ 亩和 295m^3/ 亩 6 个灌溉定额，2 个灌溉次数，分别是 1 周 1 次共 10 次和 2 周 1 次（共 5 次），播种水 70m^3/ 亩，其余水量 1 周 1 次的按每次 10.0m^3/ 亩、12.5m^3/ 亩、15.0m^3/ 亩、27.5m^3/ 亩、20.0m^3/ 亩和 22.5m^3/ 亩灌溉，220m^3/ 亩和 245m^3/ 亩产量之间没有显著差异，但从节水灌溉的意义上来说，220m^3/ 亩为该条件下最理想的灌溉定额。有研究不同水势对辣椒产量和水分利用效率的影响，发现灌水过多会影响根系的呼吸生长，进而影响产量。

第一节 膜下滴灌定额无土栽培

沙地漏水漏肥，灌水定额较大，造成水资源浪费，采用防渗措施的膜下滴灌无土栽培技术，对非耕地温室推广具有重大意义。采用对比方法，设置 3 个不同无土栽培膜下滴灌定额处理：6m^3/ 亩、8m^3/ 亩和 10m^3/ 亩，并设一个无防渗 8m^3/ 亩作为对照处理。试验在日光温室冬春茬进行，辣椒于 9 月下旬定植，翌年春夏之交拉秧。对照试验不做基质槽防渗处理，直接打板作垄，其余每垄挖深 60cm、宽 40cm 深的培养槽，培养槽内铺设塑料膜与土壤隔绝以防漏水漏肥，回填 10cm 沙土后，以 40kg 同等重量分别添加玉米稻秆基质为改土材料，均匀铺开，再回填沙土，垄比地面高 10cm。每垄种植辣椒 2 行，每行由 1 条滴灌带供水，灌水方式采用膜下滴灌，内镶式滴灌带直径为 16mm，地膜宽度为 1.2m，厚度为 0.004mm。

一、辣椒生育阶段及需水量

3 个不同无土栽培膜下滴灌定额处理辣椒生育阶段包括：定植至缓苗期（灌水量皆为 26.99mm）、缓苗至幼苗期（灌水量依次为 35.98mm、47.98mm、59.97mm）、开花坐果期（灌水量依次为 17.99mm、23.99mm、29.99mm）、结果前期（灌水量依次为53.98mm、71.96mm、89.96mm）、结果中期（灌水量依次为116.95mm、155.92mm、194.90mm）、结果后期（灌水量依次为89.96mm、119.94mm、149.93mm）。为了保证活苗率，定植后第一次灌水量各处理均为6m^3/亩，从缓苗至幼苗期起试验开始按照试验设计实施灌水。

由于试验在温室中进行，则降水量等于0，试验全部处理基质槽都设有防渗措施，且该地区地下水位很深，则地下水补给量等于0。由于缓苗期按同一灌水量，从10月下旬开始进行不同灌水定额对比处理，因此，每个灌水定额处理的前一个月的灌水量一致。在辣椒无土栽培试验中，每个处理在基质地槽内侧铺有防水塑膜，阻止了地槽底部和4个侧面的水肥渗漏，因而，地下水补给量为0，试验在非耕地沙漠温室中进行，则降水量为0。在灌水定额为6m^3/亩、8m^3/亩和10m^3/亩处理下，滴灌无土栽培辣椒实际需水量分别为366.033mm、405.347mm、539.670mm。

二、土壤含水率及辣椒株高和茎粗

试验处理灌水前采用时域反射仪（TDR）测定土壤体积含水率，10m^3/亩处理的灌前土壤含水率在0.75～0.90，8m^3/亩处理的灌前土壤含水率在0.60～0.75，而6m^3/亩处理的灌前土壤含水率在0.6上下浮动。通过分析，3个处理大体上是在11月初灌前土壤含水率达到最高值，原因是苗期、开花期的辣椒需水量较少，且培养地槽有防渗膜，使得水分无渗漏，多余的水分积于槽内，导致土壤含水率偏高，到了11月中期，辣椒处于开花结果前期，需水量渐渐增加，土壤含水率开始减少；随着需水量递增，灌水次数也开始增加，使得结果期的土壤含水率趋于稳定。

在不同灌水定额对无土栽培辣椒株高和茎粗影响方面，至10月下旬对辣椒第一次测量株高，12月中期最后一次测量，共测量9次。辣椒坐果前，处于苗期的辣椒植株株高呈迅速增加趋势，进入坐果期后，辣椒营养生长受到抑制，植株株高增长趋势减缓。不同灌水定额相比较，以10m^3/亩处理的辣椒长势最好，比8m^3/亩处理高2.29%，比6m^3/亩处理高出了7.91%，即株高长势为10m^3/亩>8m^3/亩>6m^3/亩。茎粗的变化趋势与株高相似，不同灌水定额处理下，8m^3/亩处理的茎粗高于10m^3/亩和6m^3/亩，8m^3/亩相对于10m^3/

亩茎粗增量为 3.76%。8m^3/ 亩比 6m^3/ 亩的茎粗要高出 7.55%。对照空白试验由于没有做防渗处理，长势最差。整个生育期辣椒植株的茎粗在膜下滴灌条件下逐渐增加，在结果期后增加幅度开始变小，各处理间差异不显著，灌水定额为 8m^3/ 亩的茎粗在整个生育期最大，说明灌水定额过多或过少均会造成辣椒的干旱或掩水胁迫，影响辣椒的正常生长。

三、辣椒光合作用

根据结果期不同，灌水定额处理的光合日变化由线，可以很明显看出曲线中的双峰，随着时间的推移，光照的加强，净光合速率逐渐升高，第一个峰出现在 13：00 左右，此时净光合速率达到最大值，其值由小到大分别为（对照 <6m^3/ 亩 <8m^3/ 亩 <10m^3/ 亩）：13.53μmolCO_2/（m^2 · s）、15.5μmolCO_2/（m^2 · s）、16.29μmolCO_2/（m^2 · s）和 17.34μmolCO_2/（m^2 · s），13：30—14：00 为午休现象，在 15：00 又出现第二个峰值。不同处理对光合的影响为 10 m^3/ 亩 >8m^3/ 亩 >6m^3/ 亩 > 对照，其中 10m^3/ 亩的日均净光合速率分别比 8 m^3/ 亩、6m^3/667m 和对照增加了 5.65%、26.75% 和 50.00%。随着灌水定额的增大，净光合速率、气孔导度、蒸腾速率和胞间 CO_2 浓度逐渐呈上升趋势，即 10m^3/ 亩 >8m^3/ 亩 >6m^3/ 亩 > 对照，其中 10m^3/ 亩处理的净光合速率比 8m^3/ 亩、6m^3/ 亩和对照分别大 5.65%、26.75% 和 50.00%，各处理间差异性显著。蒸腾速率的变化与气孔导度成正比，即灌水量越大，气孔导度越大，蒸腾速率也跟着增大。由于灌水定额小，灌水量少，使得 CO_2 的传输量减少，从而引起胞间 CO_2 浓度的降低。对照、6m^3/ 亩和 8m^3/ 亩差异达极显著水平（$P<0.01$），10m^3/ 亩与它们之间的差异达显著水平（$P<0.05$）。

四、辣椒产量和水分利用效率

随着灌水量的增大，产量也逐步升高，以 8m^3/ 亩的产量最高，而后产量随灌水量的增加而减小。不同灌水定额处理下，产量表现为 8m^3/ 亩 >10m^3/ 亩 > 6m^3/ 亩 > 对照，以 8m^3/ 亩为灌水定额处理产量最高，分别比对照、6m^3/ 亩和 10m^3/ 亩高出 70.06%、64.43% 和 34.80%。

水分利用效率为净光合速率与蒸腾速率的比值。水分利用效率随着灌水量的增加呈先增大后减小的趋势，在处理灌水定额为 8m^3/ 亩条件下，膜下滴灌辣椒水分生产效率最大，为 6.11kg/m^3，比 10m^3/ 亩、6m^3/ 亩以及对照分别高 1.23%、7.31% 和 7.276%。各处理间呈显著性差异。

五、辣椒干物质

在不同灌水定额对无土栽培辣椒干物质积累的影响方面，因为蔬菜作物通过光合作用合成碳水化合物积累干物质，所以积累量的大小直接反映在株高和茎粗等形态指标变化上。根系是植物吸收水分和养分的因子之一，作物根系和地上部分生物量的累积以养分吸收为前提。辣椒地上部分干物质积累在一定范围内随着土壤水分的增加而增加，以 8m^3/ 亩的处理无论地上还是地下干物质积累量都是最高。其中 8m^3/ 亩的地上部分干物质为 106.86g，分别比 6m^3/ 亩、10m^3/ 亩和对照高出 15.21%、4.03% 和 56.71%。8m^3/ 亩地下部分干物质为 106.86g，分别比 6m^3/ 亩、10m^3/ 亩和对照高出 96.15%、69.34%、205.66%。植株的地上部和地下部是相互促进和相互影响的，在水分适宜的条件下辣椒的地上部生长促进了地下根系的生长。

六、相关总结

根系吸水是陆地高等植物赖以生存的基础，其吸水能力是决定蒸腾和植株水分状况平衡的关键，高容重土壤和干旱都使根系导水率降低。通过对比试验分析表明，辣椒为一年生的草本植物，根系不发达、数量少，两侧发根，分布于浅土层，既不耐旱又不耐涝。随着灌水定额的增大，株高的长势越好，而茎粗的趋势是先增大而减小，在灌水定额为 8m^3/ 亩时最好，10m^3/ 亩时反而减小，说明土壤含水量过高和过低都不利于茎粗的增加。对照处理和 6m^3/ 亩由于较低的土壤水分，明显抑制了辣椒植株的生长，而在膜下滴灌条件下，10m^3/ 亩由于灌溉定额大，灌水速度缓慢，且由于前期水量的积累导致植株根系周围的土壤水分过多，引起植株徒长。气孔是植物叶片与外界进行气体交换的主要通道。植物在进行光合作用时，通过叶片气孔吸收 CO_2，所以气孔必须张开，但气孔张开又会不可避免地发生蒸腾作用，使水分散失。气孔开度对蒸腾有着直接的影响。气孔可以根据周围环境条件的变化来调节自己开度的大小，从而使植物在损失水分较少的条件下获取最多的 CO_2。随着灌水定额的增加，土壤含水率越高，气孔导度越大，对应的蒸腾速率增大，胞间 CO_2 浓度也逐渐升高，从而净光合速率逐渐变强。水分亏缺导致净光合速率降低有气孔因素和非气孔因素，随着灌水定额的减少，土壤含水率的减少降低了净光合速率，同时伴随着气孔阻力的升高，即气孔导度的减小和胞间 CO_2 浓度的下降。试验研究数据显示，气孔限制因子引起光合作用的下降。有研究认为，土壤含水率越低，坐果率越低。如果开花坐果期供水多，植株营养生长过旺，消耗养分多，会使花蕾得不到足够的营养而落花落果。研究 $10m^3$/ 亩灌水定额时，株高最高，产量却不及 $8m^3$/ 亩处理，因此，随着灌水定额的增大，作物的产量呈先增大后减小的趋势，即高供水量并非能获得高产量，且适当的干旱有利于水分利用效率的提高。总之，辣椒不耐涝也不耐旱，进入结果期需要小水勤浇，以使土壤保持透气良好，水分适宜。从水分利用效率来看，对照处理和 $6m^3$/ 亩土壤含水率较低，蒸腾速率低，光合较弱，因而水分利用效率低。$10m^3$/ 亩处理虽然光合作用强，蒸腾速率高，但产量和水分利用效率比低。说明灌水定额为 $10m^3$/ 亩对于沙漠日光温室栽培辣椒过大，造成水分的浪费。结合经济效益综合考虑，以 $8m^3$/ 亩处理为最适宜的灌水定额。

第二节　膜下滴灌定额土壤栽培

采用膜下滴灌方式灌溉，设计 6 个灌溉定额，分别为：$170m^3$/ 亩、$195m^3$/ 亩、$220m^3$/ 亩、$245m^3$/ 亩、$270m^3$/ 亩和 $295m^3$/ 亩。2 个灌溉次数，分别是 1 周 1 次（共 10 次）和 2 周 1 次（共 5 次）；播种水 $70m^3$/ 亩，其余水量 1 周 1 次的按每次 $10.0m^3$/ 亩、$12.5m^3$/ 亩、$15.0m^3$/ 亩、$17.5m^3$/ 亩、$20.0m^3$/ 亩和 $22.5m^3$/ 亩灌溉，2 周 1 次的按每次 $20.0m^3$/ 亩、$25.0m^3$/ 亩、$30.0m^3$/ 亩、$35.0m^3$/ 亩、$40.0m^3$/ 亩和 $45.0m^3$/ 亩灌溉。辣椒于夏季 5 月初播种，6 月中旬开始水分处理，7 月初开始各指标测定。

一、土壤含水量

对 1 周 1 次灌溉下灌溉定额次数对土壤含水量的影响研究结果表明，土壤含水量与灌溉定额之间并不是对应关系。在各处理中，15.0m^3/ 亩灌溉定额的膜间和膜下土壤含水量均最低，而该灌溉定额处理的长势和产量均优于其他处理，这可能是该小区的植株生长旺盛，需水量相应较多，再加上灌溉定额适中，土壤中氧气充足，加强了根系的代谢活动，吸水量也会加大；各处理的膜下水分含量在开花结果之前变化幅度很小，虽然一般夏季降水量最多，灌溉量没变，但下降速度很快，这说明辣椒在开花结果期需水量比前期要大很多，所以在该期可以相对加大灌水量；膜间土壤含水量变化幅度比膜下要平缓，可能膜间土壤水分对植株生长的影响比膜下的小，也可能与后期降雨次数较多有关，在降水量较小的情况下，由于地膜的作用，降水对膜下土壤含水量影响很小，而膜间就会有较大变化，特别是较浅的土层。

研究 2 周 1 次灌溉下灌溉定额对土壤含水量的影响，发现 2 周 1 次的土壤含水量和 1 周 1 次的总体变化趋势一致，即开花后开始快速下降，但滴灌 1 周 1 次的含水量比 2 周 1 次的高，2 周 1 次的膜下保持在 13.6% 以上，膜间在 14.4% 以上，而滴灌 1 周 1 次膜下保持在 16.3% 以上，膜间在 17.0% 以上。

二、辣椒生长指标

1 周 1 次灌溉定额整个过程中，15.0m^3/ 亩灌溉定额的土壤含水量最小，其值在 16.3% 以上，其他处理土壤含水量基本都大于 19%，然而这些处理的植株长势和产量反而低于 15.0m^3/ 亩处理，说明短期轻度水分亏缺反而促进植株生长；17.5m^3/ 亩、20.0m^3/ 亩和 22.5m^3/ 亩的灌溉定额大，土壤含水量高，但植株比 15.0m^3/ 亩处理的矮小纤细，干物质积累低，说明过多的水分会引起水淹胁迫，导致作物缺氧，阻碍地上部正常生长。

15.0m^3/ 亩和 20.0m^3/ 亩灌溉定额的株高在开花结果之后显著高于其他处理，15.0m^3/ 亩与 20.0m^3/ 亩处理之间无明显差异；15.0m^3/ 亩与 10.0m^3/ 亩处理的茎粗在盛果期形成差异显著，其余处理间茎粗差异不明显，说明 20.0m^3/ 亩处理的植株比 15.0m^3/ 亩处理植株纤细，10.0m^3/ 亩定额灌溉的株高和茎粗都较其他的小，说明该处理受到水分胁迫的程度较其他处理的大，即水分胁迫程度越大，幼苗生长越缓慢；试验中还发现茎粗比株高停止生长的时间要晚 15d 左右，说明辣椒植株在生育期是先进行伸长增长，再进行增粗增长。

辣椒地上部分干物质在开花结果之前积累较缓慢，之后快速积累，盛果期前，15.0m^3/ 亩干物质每株增加了 29.82g，而盛果期至采收期，仅 14d 15.0m^3/ 亩处理的干物质每株增加了 34.56g，说明植株在生殖生长时地上部干物质积累比营养生长时快很多。

10.0m^3/ 亩处理与 22.5m^3/ 亩处理相比，前者单株产量低，但亩产量比后者高，这是因为 10.0m^3/ 亩处理的灌溉定额小，后期土壤含水量也低，病虫害少，植株死亡率低，而 22.5m^3/ 亩处理在生育后期有大量植株死亡，导致亩产大幅度降低；15.0m^3/ 亩处理与 17.5m^3/ 亩处理产量之间没有显著差异，但从节水灌溉的意义上来说，15.0m^3/ 亩为该条件下最理想的灌溉定额。灌水过多会影响根系的呼吸生长，进而影响产量。

在 2 周 1 次灌溉定额对辣椒生长量影响方面，进入结果期后株高基本停止生长，茎粗在盛果期停止生长，这和滴灌 1 周 1 次的一样，茎粗比株高停止生长的时间要晚 15d 左右。生育前期各处理株高和茎粗差异不明显，开花坐果后，30.0m^3/ 亩灌溉处理的株高和茎粗都明显大于其他处理，近采收期，20.0m^3/ 亩、25.0m^3/ 亩、35.0m^3/ 亩、40.0m^3/ 亩和 45.0m^3/ 亩灌溉株高分别较 30.0m^3/ 亩灌溉降低了 4.3%、8.6%、10.0%、5.5% 和 7.7%，茎粗分别降低了 5.8%、5.4%、11.7%、12.4% 和 11.8%。表明过低或过高的灌溉定额都会抑制辣椒生长。生育前期，灌溉定额较小的 25.0m^3/ 亩处理地上部干重较大，结果期后 30.0m^3/ 亩灌溉处理超过 25.0m^3/ 亩灌溉处理，且显著高于 45.0m^3/ 亩灌溉，这说明辣椒在营养生长期需水量较小，在营养生长阶段需水量加大，这也印证了膜下土壤含水量的变化趋势。30.0m^3/ 亩灌溉的亩产和单株产量均最高，25.0m^3/ 亩灌溉次之，20.0m^3/ 亩灌溉最小，说明 20.0m^3/ 亩灌溉受到了严重的干旱胁迫，30.0m^3/ 亩灌溉显著大于 35.0m^3/ 亩、40.0m^3/ 亩和 45.0m^3/ 亩灌溉，表明 35.0m^3/ 亩、40.0m^3/ 亩和 45.0m^3/ 亩灌溉受到了水渍胁迫，这和株高和茎粗的结果一致。

三、叶片荧光参数日变化

在 1 周 1 次灌溉下灌溉定额对辣椒叶片荧光参数日变化的影响方面，18：00 各处理的相应参数值基本恢复到早上水平，说明辣椒叶片叶绿素 PS Ⅱ反应中心只发生了可逆性失活，光合机构没有遭到破坏。

中午 12：00—14：00，20.0m^3/ 亩和 22.5m^3/ 亩定额灌溉处理的各个荧光参数比其他处理下降幅度大，荧光参数值也较低，说明光抑制程度高，缓解逆境胁迫的能力较其他处理的弱。10.0m^3/ 亩处理的暗适应下初始荧光值从 9：00 开始到 18：00 一直在增加，表明该处理的辣椒叶片叶绿素光系统Ⅱ反应中心可逆性失活很严重，暗适应下光系统Ⅱ最大光化学效益、暗适应下可变荧光与暗适应下初始荧光的比值也很好地反映了这一点。所以灌水量过低或过高都会使辣椒叶片产生胁迫作用，由 20.0m^3/ 亩和 22.5m^3/ 亩定额灌溉处理引起的胁迫是由于过多灌水造成土壤持水过量，内部空气流通不畅，使得植物根系受到缺氧胁迫，进而限制了叶片的光合生理过程，造成光抑制现象。

由以上结果可以看出，12.5m^3/ 亩、15.0m^3/ 亩和 17.5m^3/ 亩定额灌溉处理的荧光参数日变化比较稳定且优于其他处理。

在 2 周 1 次灌溉下灌溉定额对辣椒叶片荧光参数日变化的影响方面，一天中 30.0m^3/ 亩处理的光化学淬灭系数和光系统Ⅱ的实际量子产量。光系统Ⅱ从最高点到最低点的降幅均较其余处理的小，变化较平缓，表明 30.0m^3/ 亩处理的光系统Ⅱ反应中心的开放程度和电子传递活性大，植物叶片受到的光抑制程度低，光合电子传递速率较快，所以实际光合效率大于其他处理。

四、叶片部分生理指标

丙二醛作为膜脂过氧化的主要产物之一，是一种有毒物质，可引起细胞膜功能紊乱，且对许多功能分子有破坏作用，因此丙二醛含量的增加是植物细胞受损的直接原因。通过研究 1 周 1 次灌溉定额对辣椒叶片中丙二醛含量发现，灌溉定额大的（17.5m^3/ 亩、20.0m^3/ 亩和 22.5m^3/ 亩）较灌溉定额小的（10.0m^3/ 亩、12.5m^3/ 亩和 15.0m^3/ 亩）丙二醛含量高，表现出水渍胁迫；在开花坐果后，10.0m^3/ 亩较 12.5m^3/ 亩和 15.0m^3/ 亩高，表现出干旱胁迫。

脯氨酸是植物蛋白质组分之一，它作为水溶性最大的氨基酸具有较强的水合能力，当植物遇到干旱胁迫时，它的大量积累有利于细胞或组织水分保持正常的叶水势，是植物对逆境胁迫所做出的适应性反应。通过研究 1 周 1 次灌溉定额对辣椒叶片中脯氨酸含量发现，$10.0m^3$/ 亩灌溉定额的脯氨酸含量在整个生育期内显著高于其他处理，表现出明显的干旱处理效应。因此，造成其干旱的原因可能由于灌溉量太小，滴灌本身出水速度和出水量小，使得植株没有充分吸水。

可溶性蛋白含量是植物体代谢过程中蛋白质损伤的重要指标，其变化可以反映细胞内蛋白质合成、变性及降解等多方面信息。蛋白质也是植物体生命过程中重要的结构物质和功能物质，其代谢受多种因素的影响和调控，越来越多的证据表明，变化的环境因子或环境胁迫，包括干旱、涝、盐渍、病虫害和紫外辐射等非正常的环境条件都会影响蛋白质代谢。研究 1 周 1 次灌溉定额辣椒叶片生育前期，可溶性蛋白各处理间差异不明显，开花坐果后，总体表现上升趋势，且 $12.5m^3$/ 亩和 $15.0m^3$/ 亩定额灌溉处理含量显著高于其余处理，表明灌溉定额过大或过小均会引起辣椒叶片可溶性蛋白含量下降。

可溶性糖是一种重要的渗透调节物质，在干旱胁迫过程中植物体内可溶性糖含量的变化在一定程度上能反映其对不良环境的适应能力。其含量的增加可以从一定程度上反映植物所受逆境胁迫的程度。研究 1 周 1 次膜下滴灌灌溉方式，发现近采收期 $15.0m^3$/ 亩处理可溶性糖含量最低，表明在低灌溉定额和高灌溉定额下辣椒均表现出逆境胁迫。

在正常条件下，植物依靠自身的自由基清除系统维持细胞内活性氧的平衡。当植物受到逆境胁迫时，活性氧平衡受到破坏，其清除系统尤其是抗氧化酶会表现出相应的应激反应，以缓解胁迫对植物膜系统的伤害。超氧化物歧化酶是植物细胞中抗氧化胁迫的一种关键酶。研究 1 周 1 次灌溉定额辣椒生长，发现叶片超氧化物歧化酶活性整体呈上升趋势，开花坐果期间灌溉定额处理间差异较明显，以 $15.0m^3$/ 亩处理的较低，其他处理较高，与可溶性蛋白和丙二醛含量的变化一致，同样表现出低灌溉定额和高灌溉定额引发的逆境胁迫。超氧化物歧化酶活性缓慢上升的趋势，这与辣椒整个生育期的生理变化关系密切。

过氧化物酶广泛存在于植物体中，可在干旱条件下除去植物体生理系统中累积的 H_2O_2。过氧化物酶活性增强可能是因 O^{2-} 诱导了超氧化物歧化酶活性，从而产生 H_2O_2 又诱导过氧化氢酶和过氧化物酶活性增强。此外，还可能因干旱促进了过氧化物酶作用底物谷胱甘肽、抗坏血酸和酚类化合物的积累，从而增加了 H_2O_2。过氧化物酶在植物生长发育过程中活性不断发生变化。一般老化组织中活性较高，幼嫩组织中活性较弱。这是因为过氧化物酶能使组织中所含的某些碳水化合物转化成木质素，增加木质化程度。

在 2 周 1 次灌溉条件下，20.0m³/ 亩处理丙二醛含量始终高于生长较好、产量较高的 30.0m³/ 亩和其他处理，说明在 170m³/ 亩灌溉定额下，辣椒受到了干旱胁迫，叶片的膜脂过氧化过程加快。20.0m³/ 亩和 25.0m³/ 亩灌溉处理的脯氨酸含量在整个生育期内明显高于其他处理，20.0m³/ 亩处理在盛果期达到最高点，表现出明显的干旱处理效应。

可溶性糖是一种重要的渗透调节物质，其含量的增加可以从一定程度上反映植物所受逆境胁迫的程度。在 2 周 1 次灌溉条件下，进入结果期时 30.0m³/ 亩处理可溶性糖含量最低，表明在低灌溉定额和高灌溉定额下辣椒均表现出逆境胁迫。可溶性蛋白含量在开花坐果期以前，各处理间无明显差异，果实开始膨大后，辣椒叶片的可溶性蛋白均呈上升趋势，灌溉量较大的 40.0m³/ 亩和 45.0m³/ 亩处理的可溶性蛋白显著低于 30.0m³/ 亩处理，表明灌溉定额过高导致叶片可溶性蛋白含量下降，而其他处理均呈上升趋势。

在 2 周 1 次灌溉条件下辣椒生长期间，叶片超氧化物歧化酶活性整体上呈上升趋势，开花坐果期灌溉定额处理间差异较明显，以 30.0m³/ 亩处理的较低，其他处理较高，与丙二醛含量的变化一致，同样表现出低灌溉定额和高灌溉定额引发的逆境胁迫。超氧化物歧化酶活性缓慢上升的趋势，这与辣椒整个生育期的生理变化关系密切。过氧化物酶在盛果期上升幅度很小，近采收期 30.0m³/ 亩、35.0m³/ 亩、40.0m³/ 亩和 45.0m³/ 亩处理的过氧化物酶活性开始急剧增加，表现出对叶片衰老的适应性，而 20.0m³/ 亩和 25.0m³/ 亩处理叶片的过氧化物酶活性在近采收期未上升，说明在干旱胁迫下过氧化物酶的保护作用丧失，所以过氧化物酶可作为组织老化的一种生理指标。因此，综合生长指标、荧光参数和酶活性指标，发现 20m³/ 亩处理相对较好。

第三节　不同灌溉定额及种植方式栽培

研究旱地不同灌溉定额和种植方式对辣椒生长发育的影响，以不同灌溉定额（1 800m^3/hm^2、2 400m^3/hm^2 和 3 000m^3/hm^2）和不同种植方式（平种、沟种和垄种）对辣椒的株高、茎粗、叶面积、干物质量、产量以及水分利用效率的影响，筛选出适宜干旱半干旱地区辣椒的最佳节水灌溉方式。同时，研究不同灌溉定额和种植方式对土壤水分垂直分布的影响，通过测量 0 ～ 1cm、10 ～ 20cm、20 ～ 30cm、30 ～ 40cm、40 ～ 50cm 和 50 ～ 60cm 土层土壤含水率和观测灌水量和降水量等，系统研究了辣椒全生育期内不同深度土壤水分分布特征，得出了不同处理下辣椒各生长发育阶段土壤垂直水分分布情况。

一、大田辣椒生长发育

辣椒整个生育期内株高呈先增加，后逐渐趋于平缓的增长趋势，灌溉定额和种植方式对株高产生较大影响。苗期辣椒株高增长迅速，增长量为 22.15 ～ 34.26cm，开花坐果期辣椒对水分需求增大，各处理辣椒株高差异明显，此阶段辣椒开始生殖生长，营养生长减缓，株高增长较慢。结果盛期各处理辣椒株高差异最明显，其中灌溉定额 3 000m^3/hm^2 且采用沟种处理株高最高，达到了 78.46cm。结果后期辣椒基本停止营养生长，株高无较大变化。采用相同灌溉定额时，沟种辣椒株高最高；采用沟种时，灌溉定额为高水平时，辣椒株高较高；说明辣椒株高随灌溉水量的增加而增加。

整个生育期内辣椒茎粗增长趋势表现为先缓慢增长，再迅速增长，最后增长趋于平缓。灌溉定额和种植方式对茎粗产生直接影响。苗期前期辣椒茎粗增长缓慢，苗期后期增长速度加快，而整个苗期辣椒株高持续增加，说明辣椒生长规律为先伸长生长，后增粗生长。从开花坐果期开始辣椒茎粗出现明显差异，至结果盛期各处理差异仍较明显，其中灌溉定额 2 400m^3/hm^2 且采用垄种处理显著高于其他处理（$P<0.05$）。结果盛期各处理辣椒茎粗差异最明显，其中灌溉定额 2 400m^3/hm^2 且采用垄种处理茎粗最大，达到了 13.99mm。

采用灌溉定额为中且低水量时，沟种和垄种辣椒茎粗较大，灌溉定额为高水量时，平种和垄种的茎粗较沟种更大；采用垄种和沟种时，中水量辣椒茎粗最大，采用平种时，高水量下辣椒茎粗较粗；各处理辣椒茎粗表现由大到小依次为：2 400m^3/hm^2 灌溉结合垄种、2 400m^3/hm^2 灌溉结合沟种、3 000m^3/hm^2 灌溉结合平种、3 000m^3/hm^2 灌溉结合垄种、1 800m^3/hm^2 灌溉结合垄种、1 800m^3/hm^2 灌溉结合沟种、3 000m^3/hm^2 灌溉结合沟种、2 400m^3/hm^2 灌溉结合平种、1 800m^3/hm^2 灌溉结合平种，其中 2 400m^3/hm^2 灌溉结合垄种处理的茎粗最大，与其他处理有显著差异（$P<0.05$）。3 000m^3/hm^2 灌溉结合沟种处理茎粗较低，与 2 400m^3/hm^2 灌溉结合平种和 1 800m^3/hm^2 灌溉结合平种处理无明显差异，说明辣椒株高最高时，茎粗并不是最高。

全生育期辣椒叶面积的变化与株高变化相似，呈先增长后平稳趋势。辣椒根系较浅，生长速度较缓慢，各处理叶面积无明显差异，开花坐果期各处理叶面积出现差异，2 400m^3/hm^2 灌溉结合垄种处理的辣椒叶面积显著高于其他处理（$P<0.05$）。采用相同灌溉定额时，垄种的辣椒叶面积最大；采用沟种时，灌溉定额为中水量的叶面积较大，采用平种和垄种时，灌溉定额为高水量时叶面积较大。

不同灌溉定额和种植方式对辣椒单株结果数和平均单果重也产生直接影响。采用灌溉定额为中、低水量时，单株结果数和平均单果重均表现为：垄种＞沟种＞平种；灌溉定额为高水量，单株结果数变化表现为：垄种＞平种＞沟种，平均单果重表现为：平种＞垄种＞沟种；采用垄种时，灌溉定额为中水量时单株结果数和平均单果重均为最大。

不同灌溉定额和种植方式对辣椒产量的影响差异显著（$P<0.05$）。其中 2 400m^3/hm^2 灌溉结合垄种处理的产量最高，显著高于其他处理（$P<0.05$）。在同一低、中水量条件下，不同种植方式的辣椒产量表现为：垄种＞沟种＞平种，高水量时各处理表现为：平种＞垄种＞沟种；垄种更能为辣椒根系生长提供良好的土壤环境，促进辣椒扎根和增粗，从而达到增产的效果；在同为平种的条件下，不同灌溉定额的辣椒产量均表现为：高水量＞中水量＞低水量，同为沟种时表现为：中水量＞低水量＞高水量，同为垄种时表现为：中水量＞高水量＞低水量；平种时，辣椒产量随水量的增加而增加；沟种和

垄种时灌溉定额为中水量时辣椒增产效果最好。

不同处理对辣椒水分利用效率产生直接影响。在灌溉定额为低水量条件下，不同种植方式的辣椒水分利用效率表现为：沟种 > 垄种 > 平种；中水量条件下各处理表现为：垄种 > 沟种 > 平种，垄种时，土壤土质较松散，灌溉水更能充分被辣椒生长所利用，水分利用较高；高水量时各处理表现为：平种 > 垄种 > 沟种；垄种更有助于辣椒根系直接吸收，从而水分利用效率更高；在相同种植方式下，不同灌溉定额的辣椒水分利用效率均表现为：低水量 > 中水量 > 高水量，水量较小时，辣椒耗水量低，引起辣椒胁迫生长，水分利用效率更高。

二、土壤水分垂直分布影响

灌溉和降雨提高了土壤含水率，为辣椒生长提供所需的水分。不同处理各层土壤含水率总体表现为：灌溉定额高水量 > 中水量 > 低水量；沟种 > 垄种 > 平种；各处理在不同土层的土壤含水率变化趋势基本致，0 ～ 30cm 土层土壤含水率变化幅度最大，30 ～ 40cm 土层土壤含水率变化次之，40 ～ 60cm 土层土壤含水率变化较小。灌溉定额为 1 800m^3/hm^2 处理在结果盛期后土壤含水率达到最小值，灌溉定额 900m^3/hm^2 处理在结果盛期后土壤含水率高于最小值，而灌溉定额 1 350m^3/hm^2 处理在结果盛期后土壤含水率较高。

随着土层深度的增加，全生育期各处理土壤含水率变化幅度逐渐减小，总体上各处理在整个生育期的土壤含水率变化基本一致，辣椒苗期根系分布在较浅的土层，灌水量大，各处理所测土壤含水率较高，0 ～ 10cm 土层土壤含水率变化量较大，10 ～ 20cm 土层土壤含水率变化次之，在 20 ～ 60cm 土层之间土壤含水率变化不明显；从开花坐果期以后，辣椒根系发达，所以，0 ～ 30cm 土层土壤含水率变化比较大，30 ～ 40cm 土层土壤含水率变化次之，40 ～ 60cm 土层土壤含水率变化不明显；各处理在整个生育期土壤含水率呈现出苗期较高，后期逐渐减小，到结果盛期达到最低的平稳状态。

三、辣椒耗水规律

不同处理辣椒全生育期的耗水量变化表现为：苗期耗水量最少，开花坐果期耗水较大，结果初期适中，结果盛期最大，其中 3 000m^3/hm^2 灌溉结合垄种处理在结果盛期的耗水量达到了 159.02mm，开花坐果期和结果盛期为辣椒全生育期水分需求最大的重要时期。不同种植方式的耗水量表现为沟种 > 垄种 > 平种；不同灌溉定额的耗水量随着灌溉定额的增加逐渐增加，并且耗水量与灌水量呈线性增加关系。

辣椒全生育期各阶段的日耗水强度从大到小依次为结果盛期 > 开花坐果期 > 结果初期 > 结果后期 > 苗期，可以看出结果盛期、开花坐果期、结果初期和结果后期的日耗水强度均高于全生育期的平均强度，苗期各处理的日耗水强度低于生育期平均强度。种植方式一定的条件下，不同灌溉定额辣椒生育期平均强度表现为高水量 > 中水量 > 低水量；灌溉定额一定的条件下，不同种植方式辣椒生育期平均强度表现为垄种 > 沟种 > 平种。

辣椒全生育期各阶段中结果盛期、开花坐果期、结果初期和结果后期的耗水模数均高于 16.85%，苗期各处理的耗水模数均低于 7.37%，其中 1 800m^3/hm^2 灌溉结合垄种处理的结果盛期耗水模数最大（32.85%）。种植方式同为平种条件下，不同灌溉定额的辣椒结果盛期耗水模数表现为低水量 > 中水量 > 高水量，同为沟种条件下，不同灌溉定额的辣椒结果盛期耗水模数表现为高水量 > 中水量 > 低水量，同为垄种条件下，不同灌溉定额的辣椒结果盛期耗水模数表现为高水量 > 低水量 > 中水量；灌溉定额同为低水量和中水量条件下，不同种植方式的辣椒结果盛期耗水模数均表现为垄种 > 平种 > 沟种，灌溉定额同为高水量条件下，不同种植方式的辣椒结果盛期耗水模数表现为垄种 > 沟种 > 平种。

第八章　辣椒灌溉上下限研究

节水灌溉制度的实施是田间节水的重要措施，是把理论成果转化为实际节水效果的关键一步。因此科研工作者围绕节水灌溉进行了细致而全面的研究，主要集中在以下几个方面：灌水时间（灌水始点或下限）、灌水终点（上限）、灌水定额、灌水次数及计划湿润层深度等。在灌水时间（灌水始点或下限）研究方面，灌溉首先要解决什么时间灌水即灌水始点。灌水始点指当土壤供给植物的可利用水分降低到某一临界值时，就会对作物的生长发育及产量造成明显的影响，此时灌溉补水就可以清除干旱威胁，使作物正常生长。此临界值时，土壤水分含量或作物的某一生理指标就叫灌水始点。在土壤含水量（田间最大持水量的百分数表示）研究方面，田间最大持水量是土壤在自然条件下所能保持的最大水量，研究时把田间土壤含水量分成若干水平（含水量从不足到过量）达到预定时开始灌水，直至田间最大持水量，比较不同水分处理对蔬菜生长、发育指标的影响，选择最合适于作物生长的处理。土壤含水量的测定一般为酒精燃烧法、烘干法、中子仪测定或其他水分仪器测量法。这些方法应用简单、方便，一般人皆可操作。因此在生产和研究中占较大比例，常见蔬菜的灌水始点的土壤含水量大部分已经得出，如辣椒在结果前期以 80% 田间持水量作为下限，盛果期以 70% 田间持水量，全生育期以 75% 田间持水量作为下限对植株发育及产量最有利。在土壤水分上限研究方面，传统的观点把田间最大持水量（100% 田间持水量）作为土壤水分上限，但是研究和生产实践都证明，100% 田间持水量并非作物最佳水分上限。好的土壤水分调控指标应把土壤水分较长期地控制在最有利于作物生长发育的范围。从对作物在不同土壤含水量下的生长发育及产量指标分析来看，大多数蔬菜作物的最佳含水量并不在田间最大持水量或其附近，例如根菜类适宜土壤含水量为 60% ～ 70% 田间持水量，番茄幼苗期为 60% 田间持水量，如果每次都要灌到100%田间持水量，那么作物将有较长一段时间处在非最佳土壤含水量范围。从根系生理角度看，土壤保持10%～20%空气，才有利于根系发育及调节根冠平衡，但是具体到各种作物在不同生育期的最佳土壤含水量上限还未见太多的报道。有研究指出，辣椒生长前期85%田间持水量，产量最高，结果盛期90%田间持水量产量最大。实践证明，85%～90%田间持水量作为作物适宜的土壤水分上限指标，既可以使计划湿润层内的土壤水分达到比较适宜作物生长的程度，又有利于作物高产且避免了水分浪费。但是这些数据大多通过间接观察而来，并非是专门研究土壤水分上限指标，其试验条件的控制与设计不够严密，只能是一个参考值。

在土壤湿润层深度研究方面，湿润层深度是决定灌水定额的主要参数之一，古典研究对湿润层深度有两种见解：一种认为计划湿润层深度应决定于根系密集层深度，并与土壤剖面水分的消失深度有关，它随着生育期的改变，根系发育而异。有以此法研究得出，保护地辣椒的计划湿润层深度在幼苗期为20cm，开花坐果期30cm，盛果期可达40cm。这种观点是目前较盛行的观点。另一种观点认为全生育期应采用同一计划层深度。此两种意见有一个共同点：认为灌水到计划层以内才有效，灌到计划层以外都视为无效（即深层渗漏），但是在实践中可以看出埋深2.7～3.5m的地下水都可以通过毛细管作用到达地面参与蒸发，那么，低于这个深度应该不成问题，只要不超过潜水蒸发的极限深度。是否可以在用水不紧张时开展储水灌溉，加大计划内层深度，是后续研究须进一步思考的问题。目前多数蔬菜作物的计划湿润层深度按第一种方法确定。在灌溉次数对蔬菜生长的影响研究方面，灌溉次数是在灌溉量确定以后，将这一定量的水分按多少次灌入较好。由于灌溉次数的不同，引起水分在土壤中的分布层次以及土壤中的气体含量不同，从而造成对作物生长发育的影响。由于作物种类、生长发育时期以及根系分布和吸水能力等不同，所以对灌水次数（灌水频率）的反应不同。

第一节　辣椒滴灌灌水量下限研究

辣椒穴盘育苗后进行温室栽培，灌水设备采用膜下滴灌技术，每槽设置两根薄壁双向孔软管，每条软管与分管连接处设有阀门便于控制灌水。辣椒定植前灌溉至田间持水量的90%，缓苗后开始水分控制，田间试验共设置9个水分水平。各个水分处理上限统一为田间最大持水量的90%，各处理的水分下限分别为：40%、45%、50%、55%、60%、65%、70%、75%和80%田间持水量。土壤水分控制采用烘干法每天测定基质含水量，当基质含水量降低至处理下限时补水至上限。最后进行辣椒生长指标、生理指标、叶片叶绿素荧光及果实品质和产量等测定。

一、生长指标

蔬菜作物的水分状况与其生理活动密切相关，水分的变化直接引起作物内部的生理变化，经过一系列信号转导，最终表现在形态建成与产量形成上。进行辣椒试验研究中，发现水分胁迫处理显著降低了两个辣椒品种的株高和茎粗。在辣椒滴灌灌水量下限研究中发现，随着灌水下限的提高，辣椒植株的株高和茎粗呈现先升高后降低的趋势。随着灌水下限的提高，辣椒植株的株高和茎粗呈现先升高后降低的趋势。70%田间持水量处理辣椒株高和茎粗都显著高于其他处理。但灌水下限超过70%处理后，植株的株高和茎粗呈现下降的趋势。这说明全生育期适当的控水对辣椒的生长有明显的促进作用。60%田间持水量处理是辣椒灌水量的临界点，当灌水下限低于60%处理后，辣椒植株受到严重的水分胁迫，呈现非正常的生长状况。

根系体积是衡量壮苗的一个重要指标，根系吸收水分和养分的能力在一定程度上取决于根系体积的大小。在辣椒滴灌灌水量下限研究中发现，随着灌水下限的降低，植株根系体积逐渐增大，说明干旱胁迫有利于根系体积的增大。但是，随着生育期的推进，各处理间根系体积之间的差距逐渐缩小。40%田间持水量处理辣椒根系体积在初花期、坐果期、盛果期分别较之80%持水量对照增加48.39%、39.65%和12.24%。原因可能是随着辣椒植株生长进入盛果期，植株只有通过增大根系体积提高根系吸收水分和养分的能力，才能满足植株正常的营养供应。

二、生理指标

脯氨酸是植物蛋白质的组分之一，当植物遇到干旱和盐胁迫时，它的大量积累有利于细胞或组织水分保持正常的叶水势，是植物对逆境胁迫所做出的适应性反应。大量研究表明，当植物受到干旱胁迫时，脯氨酸可作为渗透剂参与植物的渗透调节作用，因此干旱胁迫会导致植物体内脯氨酸含量的增加。在辣椒滴灌灌水量下限研究中，发现 40% 田间持水量处理辣椒叶片内脯氨酸含量始终显著高于其他处理，表明由于植物对干旱胁迫所做出的适应性反应，辣椒叶片中脯氨酸的含量积累到较高的水平。

有研究认为，丙二醛浓度与植物抗旱性密切相关，丙二醛大量增加时，表明体内细胞受到较严重的破坏。因为丙二醛是膜脂过氧化作用的产物之一，其含量的高低代表膜脂过氧化程度，即丙二醛含量越高，膜脂过氧化程度越严重，膜透性越大。在辣椒滴灌灌水量下限研究中，辣椒叶片丙二醛含量呈现两种不同的变化趋势，灌水下限田间持水量小于 60% 的处理在 145d 时，丙二醛含量急剧增加。其可能原因是严重干旱胁迫，叶片中保护机制丧失，导致丙二醛在叶片中大量积累。而灌水下限高于 60% 的处理在 145d 时则未出现丙二醛急剧增加的现象。

过氧化物酶广泛存在于植物体中，可在干旱条件下除去植物体生理系统中累积的 H_2O_2，是活性较高的一种酶。过氧化物酶活性增强可能是因超氧阴离子诱导了超氧化物歧化酶活性，从而产生 H_2O_2，诱导过氧化氢酶和过氧化物酶活性增强。在辣椒滴灌灌水量下限研究中，辣椒叶片过氧化物酶活性随着灌水下限的降低而升高。灌水下限小于 55% 田间持水量的处理在 145d 时，辣椒叶片中过氧化物酶活性明显增加。综合辣椒叶片中丙二醛含量考虑，虽然此时过氧化物酶活性增加，但是并没有导致辣椒叶片中丙二醛含量的降低。说明严重的干旱胁迫导致辣椒叶片中保护机制不能有效地清除有害物质的积累。

三、叶片叶绿素荧光参数

叶绿素荧光参数是评价植物光合器官是否受损伤的重要指标。叶绿素荧光分析技术是一种以光合作用理论为基础、利用体内叶绿素作为天然探针，研究和探测植物光合生理状况及各种外界因子对其细微影响的新型植物活体测定和诊断技术。它在测定叶片光合作用过程中，光系统对光能的吸收、传递、耗散和分配等方面具有独特的作用，与“表观性”气体交换指标相比，叶绿素荧光参数更具有反映“内在性”的特点。

可变荧光和最大荧光比值是光系统Ⅱ最大光化学量子产物，它反映了光系统Ⅱ反应中心内能转化效率或称光系统Ⅱ最大转换效率，是叶片经充分暗适应后测得的。当植物体受到光抑制、环境胁迫或发生某些基因突变时，可变荧光和最大荧光比值会出现显著变化。可变荧光和最大荧光比值下降，表明植物叶片发生了光抑制，光系统Ⅱ潜在活性中心受损，光系统Ⅱ热耗散提高，光合机构受到损害，不利于植物叶片把所捕获的光能转变为化学能。在辣椒滴灌灌水量下限研究中，可变荧光与最大荧光的比值、光系统Ⅱ光合电子传递量子效率以及光化学猝灭系数都随着灌水下限的提高呈现先升高再降低的趋势。当灌水下限为70%田间持水量时，可变荧光与最大荧光的比值、光系统Ⅱ光合电子传递量子效率以及光化学猝灭系数在79d和110d时都达到最大值。

四、果实品质和产量

对辣椒产量与灌水下限关系的分析结果表明，随着土壤含水量的增加，作物产量相应增加，但是水分对辣椒产量的影响也有一个“水分饱和点”，即达到一定产量时再增加土壤含水量，作物产量不增反降，高供水量并非能获得最高产量，产量最大时的耗水量和水分利用效率最大时的耗水量往往不在同一点上。在辣椒滴灌灌水量下限研究中，随着灌水下限的提高，辣椒产量随之增加。70%田间持水量处理的辣椒产量最高，高于70%田间持水量处理的辣椒随持水量增加产量呈现下降趋势，这可能是由于过高的土壤水分含量造成植物营养生长过旺以及落花落果，最终导致产量的减少。

干旱能够提高辣椒果实的营养品质以及增加辣椒素含量的积累，而过高的土壤水分使辣椒营养品质下降。在辣椒滴灌灌水量下限研究中，随着灌水下限的降低，辣椒果实中的维生素C、游离氨基酸和可溶性糖含量呈现升高的趋势，70% 田间持水量处理辣椒果实中维生素 C、游离氨基酸和可溶性糖含量显著高于其他处理。高于 70% 田间持水量处理的辣椒随持水量增加，果实中维生素 C、游离氨基酸和可溶性糖含量又呈现下降的趋势。说明适度的干旱条件有利于辣椒果实中营养成分的积累，但严重的干旱胁迫对辣椒果实中维生素 C、游离氨基酸和可溶性糖含量的积累有抑制作用。

综上所述，日光温室辣椒有机生态型无土栽培滴灌为 70% 田间持水量，对辣椒的营养生长和生殖生长有明显的促进作用，是辣椒理想的土壤水分控制指标，该田间持水量对生产中辣椒灌水制度有一定的指导作用。

第二节　辣椒渗灌管埋深灌溉下限研究

以地下渗灌灌水器和大田辣椒为研究对象，在分析地下渗灌灌溉、水分运移特征和辣椒需水特性基础上，通过大田试验，研究不同土壤水分下限和地下渗灌管埋深对辣椒的生长发育指标、土壤水分动态分布和辣椒全生育期耗水特征的影响，进而确定适宜于大田辣椒种植的土壤水分下限和灌水器埋深，为高效节水灌溉种植大田辣椒提供科学依据和技术支撑。其中辣椒在苗期、开花坐果期、盛果期和后果期设置 4 个土壤水分下限调控水平，分别为 W1（55%、75%、65%、75%）、W2（55%、75%、75%、65%）、W3（65%、75%、65%、75%）和 W4（75%、75%、75%、75%）；渗灌管埋深根据辣椒根系特点设置 3 个水平：D1（0cm）、D2（10cm）和 D3（20cm）。

一、耗水特征

通过测量 0 ～ 10cm、10 ～ 20cm、20 ～ 30cm、30 ～ 40cm、40 ～ 50cm 和 50 ～ 60cm 土层土壤含水率，分析了不同土壤水分下限和不同渗灌管埋深分别对地下 0 ～ 30cm 和 30 ～ 60cm 土壤水分动态，并且研究不同处理对辣椒各生育期土壤水分垂直变化，并根据水量平衡方程研究不同处理下辣椒在全生育期和各生育期的耗水量和耗水特性。

1. 土壤水分影响

相同土壤水分下限处理下，0 ～ 10cm 土层土壤含水率表现为：D2>D3>D1，

10 ～ 20cm 土层土壤含水率表现为：D3>D2>D1。在不同土层各处理的土壤含水率变化趋势基本相同，土层土壤含水率变化幅度从大到小依次为：0 ～ 30cm、30 ～ 40cm 和 40 ～ 60cm。土壤水分下限最高时，在 0 ～ 40cm 土层范围内辣椒土壤含水量均处于较高水平，40 ～ 60cm 土层土壤含水率变化较小，水分相对较低。随着渗灌管埋深的增加，出现土壤最大含水率的土层加深，地下渗灌的埋深均提高了水平方向上土壤含水率，地下渗灌铺设位置处的土壤含水率较高。D2 处理有利于提高 0 ～ 10cm 土层的土壤含水率；D3 处理有利于提高 10 ～ 30cm 土层的土壤含水率。在 W1、W2 和 W3 条件下，渗灌管埋深对辣椒耗水量有明显影响，D3 处理有利于辣椒耗水量的增加。在各阶段进行土壤水分下限调控对 0 ～ 40cm 土层的土壤含水率影响明显。随着土壤水分下限的降低，辣椒加大对 30 ～ 40cm 土层内的水分消耗，各处理土壤含水率在 50 ～ 60cm 土层差异较小。

2. 土壤水分垂直变化影响

不同处理辣椒各生育期耗水量随着生育期的推进呈现出先增加后减小的变化趋势，其中 D1W4 处理在盛果期的耗水量达到了 143.02mm，整个生育期中，辣椒在盛果期水分需求量最大。不同渗灌管埋深的耗水量表现为 D1>D2>D3，管道埋深对辣椒耗水量的影响较弱，耗水量差异较小；在同一埋深条件下，辣椒全生育期耗水量表现为 W4>W2>W3>W1，各生育阶段不同水分下限调控均明显降低了辣椒耗水量，耗水量随着土壤水分下限的降低逐渐减小，说明土壤水分下限是影响辣椒耗水量的主要因素。

3. 耗水量影响

相同土壤水分下限和渗灌管埋深处理下，各生育期作物日耗水强度和耗水模数随生育期的推进均表现出先增加后减小，从大到小依次为盛果期 > 后果期 > 开花坐果期 > 苗期，盛果期辣椒耗水量最大，这主要是因为到盛果期气温较高，水分蒸发加大，辣椒开始大量结果。土壤水分下限会明显影响各生育期日耗水强度和耗水模数，地下渗灌管埋深对辣椒日耗水强度和耗水模数影响并不大。

二、生长指标

通过设置不同土壤水分下限和不同渗灌埋深组合，分析各处理条件下辣椒的株高、茎粗、叶面积指数和干物质量等生长指标，研究不同土壤水分下限和埋深对作物的影响。

1. 株高

辣椒株高随着生育期的推进逐渐增加，土壤水分下限和渗灌管埋深对株高产生较大影响。 不同处理下辣椒株高的变化范围在 62.60 ～ 96.40cm，D3W4 处理株高最大，为 96.40cm，D3W3 处理次之。苗期至开花坐果期，辣椒的株高生长缓慢；开花坐果期到盛果期，辣椒株高的生长速率最快，在盛果期达到峰值；盛果期到后果期生长速率逐步降低，后趋于稳定。同一渗灌管埋深条件下，不同梯度的土壤水分下限均能影响辣椒株高，土壤水分控制下限越低，株高越小，说明辣椒在生长发育的过程中株高对土壤水分的变化非常敏感。采用相同土壤水分下限时，埋深 20cm 辣椒株高最高，渗灌埋深 20cm 处理辣椒株高明显高于渗灌埋深 0cm 处理。

2. 茎粗

辣椒茎粗在全生育期内增长趋势表现为：苗期缓慢增长，开花坐果期迅速增长，盛果期逐步趋于稳定。土壤水分下限和渗灌管埋深均会显著影响辣椒茎粗。苗期辣椒茎粗增长缓慢，各处理之间差异不明显。从开花坐果期至后果期辣椒茎粗出现明显差异，其中 D3W4 处理茎粗最大，为 16.67mm，D3W2 处理次之。同一渗灌管埋深条件下，在辣椒各生育期内充分灌水处理的辣椒茎粗始终保持在最高水平，苗期和盛果期土壤水分下限降低会导致辣椒的茎粗较充分灌水处理明显下降，并且灌水控制下限越低，茎粗越小。在同一土壤水分下限水平下，在一定范围内辣椒茎粗随着渗灌管埋深的增大而增加，渗灌管埋深在 D3 处理时，辣椒茎粗高于 D1 处理。

3. 叶面积指数

不同土壤水分下限和渗灌管埋深处理下，辣椒叶面积指数的变化与株高和茎粗变化相似。叶面积指数在不同时期的各处理之间存在较大差异，D3W4 处理的辣椒叶面积指数最大，为 1.37，D3W2 处理次之。全生育期土壤水分控制下限最高的处理辣椒叶面积指数始终处于最高水平，不同生育期不同土壤水分下限均能抑制辣椒叶面积指数增长速率，但辣椒在后果期叶面积指数的增长在适宜水分下限条件下影响差异不明显。采用相同土壤水分下限时，伴随辣椒生育期的推移，辣椒叶面积指数在各埋深处理下差异不大，在埋深20cm时达到最大值。

4. 干物质积累

相同渗灌管埋深条件下，在一定范围内，辣椒干物质积累量随着土壤水分控制下限的升高而增大，其中D3W4处理干物质量最大，为206.79g，D2W4处理次之。相同土壤水分下限条件下，辣椒干物质积累量随着地下渗灌管埋深的增大而增大。

5. 收获指数

相同渗灌管埋深条件下，调控辣椒土壤水分下限的时期和程度，对辣椒收获指数影响显著，苗期55%的土壤水分下限能显著提高辣椒收获指数，其余处理不会显著提高辣椒收获指数。相同土壤水分下限条件下，各处理辣椒收获指数表现为埋深20cm>埋深10cm>埋深0cm，埋深20cm处理与埋深10cm处理无显著性差异。

三、产量及水分利用效率

研究不同土壤水分下限和不同渗灌管埋深对辣椒水分利用效率和灌溉水利用效率的影响，筛选出辣椒的最佳节水灌溉模式。

1. 辣椒产量

充分灌水W4可促进辣椒平均单株结果数的增加，D3处理的辣椒平均单株结果数最大，为26.05个，与D1W4、D2W4和D3W2无显著差异（$P>0.05$）。D3W2的平均单果重最大，为28.75g，与D3W4处理差异显著（$P<0.05$）。土壤水分下限为W1时，平均单果重表现为D2>D3>D1，土壤水分下限为W2、W3和W4时，各处理的平均单果重均表现为D3>D2>D1。在同一渗灌埋深下，灌水控制下限对辣椒单果重产生明显影响，W2处理的辣椒平均单果重最大。

不同土壤水分下限和渗灌管埋深对辣椒产量的影响差异显著（$P<0.05$），

各处理 D3W4 的产量最高，为 38 177.73kg/hm²，与 D3W2 和 D2W2 处理无显著（$P>0.05$）差异，D1W1 处理最低。同一灌水控制下限条件下，各处理表现为：埋深 D3>D2>D1，其中 D2 可促进辣椒根系生长深扎，辣椒根部能更好地利用水分和养分，提高辣椒产量。在同一埋深条件下，各处理辣椒产量均表现为：W4>W2>W3>W1，辣椒产量随灌水量的增大而增大，在开花坐果期进行水分亏缺处理对辣椒产量影响显著。从节水的角度出发，D3W2 处理有利于辣椒产量的提高。

2. 水分利用效率

在 W1 条件下，辣椒水分利用效率随管道埋深的增加呈先减小后增大的趋势，在 W2、W3 和 W4 条件下辣椒水分利用效率随管道埋深的增加而增大，D3 处理水分利用效率高于 D1 和 D2 处理。在相同管道埋深条件下，W2 处理更有利于提高地下渗灌辣椒水分利用效率。在埋深 20cm 的条件下苗期 55%、后果期 65%的处理水分利用效率最高，为 10.71kg/m³，比 D3W4 处理显著（$P<0.05$）高 8.29%。说明合理调控土壤水分下限，与地下渗灌管埋深 20cm 相结合，是辣椒增产和提高水分利用效率的有效途径。

D3W2 处理的灌溉水利用效率最高，为 14.08kg/m³，与其他处理均有显著差异（$P<0.05$），D1W4 处理的灌溉水利用效率最低，为 11.90kg/m³。相同土壤水分下限条件下，辣椒灌溉水利用效率随着渗灌管埋深的增加呈逐渐增大的趋势，D3 处理可以提高辣椒灌溉水利用效率。相同渗灌管埋深条件下，W2 处理在不显著降低产量的情况下，有利于辣椒灌溉水利用效率的显著提高。

第三节　辣椒灌水控制上限研究

采用盆栽法，利用防雨棚进行控水灌溉试验。所用塑料桶规格为上内径 29cm、下内径 23cm、高 27cm、桶重 1.5kg，盆土取自大田。辣椒移植后缓苗期间每隔 3 ～ 4d 用 250mL 的量筒慢慢向盆内灌水，待幼苗缓苗期过后开始控水试验。盆栽试验将辣椒整个生育期分为幼苗期、现蕾期、结果采收前期、盛果期和果实采收后期 5 个生育阶段，同时将灌水控制上限和灌水间隔交互作用于这 5 个阶段，试验设 4 种灌水控制上限为田间持水量 80%、70%、60% 和 50%，灌水间隔为 3d、5d、7d 和 9d。分别进行日耗水量与阶段耗水量、辣椒营养生长状况、辣椒生理指标、辣椒产量及干物质积累等测定。

一、产量影响

一般在不同灌水田间持水量控制上限下，缩短灌水间隔，辣椒的单株总灌水量和单株总产量均最高。但当田间灌水控制上限为 80% 时，3d 灌水间隔处理辣椒的产量反而小于其他处理，而 5d 灌水间隔处理单株总产量最高，为 427.97g，单株总灌水量为 7.11L。灌水田间持水量控制上限为 70%、60% 和 50% 时，3d 灌水间隔处理辣椒单株总灌水量和总产量均最高，单株总灌水量分别为 7.22L、5.15L 和 5.27L，总产量为 421.22g、336.99g 和 226.78g。

除灌水间隔为 3d 且灌水田间持水量控制上限为 80% 外，一般在不同灌水间隔期，增加灌水控制上限，辣椒的单株总灌水量和单株总产量均最高。灌水间隔为 5d、7d 和 9d 时，田间持水量 80% 的灌水控制上限下，单株总灌水量和单株总产量最大，单株总灌水量分别为 7.11L、6.95L 和 6.64L，总产量为 427.97g、412.64g 和 253.24g。

二、耗水量大小

辣椒在盛果期的耗水量最大，阶段耗水量占总耗水量的 29.96%，日耗水量达 3.81mm/d；其次为辣椒现蕾期和结果采收前期，该两个阶段的耗水量均约占总耗水量 20%，而日耗水量分别约为 2.64mm/d 和 3.32mm/d；果实采收后期阶段耗水量占总耗水量 18.41%，日耗水量约为 2 66mm/d；最小为辣椒幼苗期，阶段耗水量占总耗水量的 9.2% 左右，日耗水量约为 2.45mm/d。因此在辣椒盛果期和结果采收前期增加一定灌水控制上限或降低灌水间隔，均有利于辣椒产量的提高。

三、辣椒株高

灌水控制田间持水量上限分别为 80%、70%、60% 和 50% 时，随着灌水间隔增大，株高变化基本减小，且在不同生育阶段，辣椒株高日增长速度在结果采收前期最大，其次为辣椒幼苗期和现蕾期，果实采收后期最小。灌水控制田间持水量80%上限下，辣椒幼苗期和现蕾期灌水间隔为9d时，辣椒株高生长显著，而在辣椒果实采收后期3d灌水间隔的处理相对较好；在灌水控制田间持水量为70%和60%上限下，在辣椒幼苗期9d灌水间隔的处理较为合理，而在果实采收后期，3d灌水间隔有利于辣椒植株的生长；当灌水控制田间持水量上限为50%时，辣椒全生育期内，3d灌水间隔为最佳的灌水间隔。灌水间隔为3d、5d、7d和9d时，随着灌水控制上限的增加，株高增加，且在不同生育阶段，辣椒株高日增长速度在结果采收前期最大，其次为辣椒幼苗期和现蕾期，果实采收后期最小。在3d的灌水间隔下，辣椒幼苗期和现蕾期，50%灌水田间持水量控制上限，辣椒株高生长显著，而在果实采收后期80%灌水田间持水量控制上限的处理相对较好；当灌水间隔为5d、7d以及9d时，80%的灌水田间持水量控制上限为最佳。

四、辣椒茎粗

在不同生育阶段，辣椒结果采收前期茎粗增长量最大，其次为幼苗期，随后为现蕾期和盛果期，最小为果实采收后期。在田间持水量80%的灌水控制上限下，辣椒全生育期内，灌水间隔为9d时，辣椒茎粗生长显著；在田间持水量70%的灌水控制上限下，辣椒幼苗期、现蕾期以及果实采收前期，9d灌水间隔较为合理，而在生育后期7d的灌水间隔较好；田间持水量60%和50%的灌水控制上限下，辣椒全生育期内，3d灌水间隔为最佳的灌水间隔。在田间持水量50%灌水控制上限和3d的灌水间隔下，辣椒茎粗生长显著；果实采收前期，5d的灌水间隔下，50%灌水田间持水量控制上限较为合理，而在果实采收后期，70%灌水田间持水量控制上限较好；7d和9d灌水间隔下，80%灌水田间持水量控制上限为最佳的灌水上限。

五、干物质量

不同灌水控制上限下，辣椒全株干重、根干重、茎干重及叶干重均随灌水间隔的增大而减小。但对于根冠比来说，在80%灌水田间持水量控制上限下，不同处理之间相差不大，而在70%、60%和50%灌水田间持水量控制上限下，随灌水间隔的增大，根冠比逐渐减小。另外，在 80% 灌水田间持水量控制上限下，随着灌水间隔的增大，不同处理之间干物质的分配比例基本相同，在 70%、60% 及 50% 灌水田间持水量控制上限下，随灌水间隔的增大，干物质量向根、茎和叶分配比例基本逐渐降低。当灌水间隔在 3 ～ 9d 时，随着灌水控制上限增加，辣椒全株干重、根干重、茎干重、叶干重以及根冠比逐渐增加，但在 3d 和 5d 的灌水间隔下，80% 灌水田间持水量控制上限的处理均小于 70% 灌水田间持水量控制上限的处理。另外，随着灌水控制上限的降低，不同处理之间干物质量向根、茎和叶分配比例基本逐渐降低，但对于向茎分配比例来说，在相同的灌水间隔下，80% 灌水田间持水量控制上限的处理均小于 70% 灌水控制上限下的处理；向根的分配比例，3d 和 5d 的灌水间隔下，80% 灌水田间持水量控制上限的处理均小于 70% 灌水控制上限下处理。

第九章　辣椒时空亏缺灌溉

近年来，在传统灌溉理论的基础上，设施栽培作物的研究由传统的丰水高产型转向节水优产型灌溉，以提高水分利用效率为核心，研究重点由重视产量型转向产量与品质并重型。设施栽培作物水分管理的传统观点认为，应在作物生长的各个阶段给予充足的水分，使其在任何时候都不受水分亏缺影响，以确保获得最大产量，但近年来研究表明，在作物需水的非敏感期主动施加一定的水分胁迫以实现水分在时间上的优化分配，将大大提高作物水分利用效率，抑制作物营养生长，改善作物品质，形成了调控亏水度灌溉（简称调亏灌溉）；还有一些研究从刺激根系吸水功能、激发作物补偿生长效应和改变根区剖面土壤湿润方式出发提高其水分利用效率，形成了作物根系分区交替灌溉技术。把这两项灌溉技术结合起来即称为时空亏缺灌溉技术。设施栽培作物时空亏缺调控灌溉既不同于区域或流域层面上的水土资源合理配置，也有别于传统意义上的土壤水分管理，它是利用作物遗传和生态生理特性以及干旱胁迫信号的响应机制，通过时间（不同生育阶段）或空间（水平方向的不同根系区域）上的主动水分调控，以达到节水、优质、高效和提高水分利用效率为目的的控制灌溉技术，在研究内容上主要包括调亏灌溉技术和根系分区交替灌溉技术以及考虑作物生育期和根区供水模式交互作用的时空综合调控技术。国内外对部分经济作物的节水灌溉以及改变这些作物根区湿润方式调节根系微生态系统的水分、养分有效性和根系吸收的补偿功能，提高作物、蔬菜和果树对水肥的利用效率等方面进行了较多的研究，随着人们对干旱胁迫的定量化及其机理的逐步深入，使得水分调控与干旱胁迫信号传导的研究成为可能。如何在时间上控制设施栽培作物灌溉用水和在空间上主动改变水分供应方式，刺激根系补偿生长功能，调控地上部分生长过程和光合作用及其产物的分配，已成为灌溉科学和植物生理科学的一个研究热点。在国外已出现把调亏灌溉和分根调亏灌溉技术结合起来进行对比研究，在对辣椒运用调亏灌溉和分根交替灌溉，研究两种灌水模式辣椒产量和品质的影响，结果表明，调亏灌溉和分根交替灌溉比充分灌溉的果实量少 19% 和 34.7%，但节约耗水量 170L 和 164L，在产量减少较少的情况下节水效果明显，显著提高水分利用效率，此外调亏灌溉的果实可溶性固形物含量比充分灌溉高 21%，且调亏灌溉和分根交替灌溉落花率和果实发病率下降，证明了在辣椒上运用调亏灌溉和分根交替灌溉的可行性。合理的时空亏缺调控灌溉技术可以改变光合产物原有的分配规律，从而减少作物生长过程中的大量冗余，促进光合产物更多地向生殖器官运输和转移，提高作物的经济产量和水肥利用效率。通过时空亏缺灌溉，还可以影响植物气孔行为、光合、蒸腾、作物生长等生理生态过程和叶水势、根系分布和补偿生长效应。因此，建立考虑作物生育期和根系供水模式交互作用的时空亏缺调控灌溉指标体系和调控模式，将具有重要的理论价值和指导意义。

辣椒时空亏缺交互试验的目的在于探讨充分供水、根系均匀亏缺供水和根系分根交替供水 3 种灌水模式交替，作用于辣椒苗期、开花坐果期、结果盛期和结果后期 4 个不同生育阶段对辣椒生长发育、生理生态指标、生殖生长与营养生长、根系生长、干物质积累、产量、品质和水分利用效率的影响，揭示时空亏缺灌溉在设施栽培无限生长作物辣椒应用上的效果与节水机理，为合理利用时空亏缺灌溉提供理论基础。进行辣椒时空亏缺灌溉研究，设 3 种灌水方式和 2 种灌水水平：其中充分灌溉为全部根区均匀灌溉的灌水量为常规灌水量；均匀亏缺灌溉为全部根区均匀灌溉但灌水量为常规灌溉的一半；分根交替灌溉为根系分区交替灌溉，在塑料膜两侧区域交替灌水，灌水量为常规灌溉的 1/2。常规灌水量按土壤水分上下限处理，灌水上限为 100%，下限为 80%。该 3 种水平进行正交设计，在苗期、开花坐果期、结果盛期和结果后期的 4 个时期依次采用 FFFF（对照）、FDDD、FPPP、DFDP、DDPF、DPFD、PFPD、PDFD 和 PPDF（其中 F 表示充分灌；D 表示根系均匀亏缺灌溉；P 表示分根交替灌）9 个灌水模式，依次标为灌水模式 1 至灌水模式 9。

第一节　生长生理指标影响

由于设施栽培的作物是在封闭或半封闭空间中生长，其生长过程所需水分主要依赖灌溉供给，所以在时空亏缺灌溉条件下其耗水规律及土壤水分动态变化特征与大田作物有着很大的不同。众所周知，作物的蒸发耗水及产量和品质主要受其根区土壤水分分布情况的影响，近年来，不断发展和完善的非充分灌溉理论与调亏灌溉试验的结果也表明，通过对田间土壤水分进行最优调控，可以让作物在不减产或略有减产的情况下实现耗水量大大减少的目标。因此不论是从作物产量角度还是从提高作物水分利用效率角度考虑，都应当注重和加强对时空亏缺灌溉条件下作物的耗水规律及土壤水分在作物根区分布特性的研究。

一、土壤水分动态特性变化

灌水技术、灌溉方式和灌水量对土壤水分的运动与变化规律有着不同程度的影响，通过分析不同灌水模式不同根区土壤水分资料，进一步揭示时空亏缺灌溉不同模式土壤水分运动与变化规律的影响，以便为确定时空亏缺灌溉的合理灌水技术参数提供理论依据。辣椒是耗水量较大的作物，灌溉对其整个生育期至关重要，生长过程中水分亏缺、水分过剩以及土壤水分波动太大都会影响辣椒的经济产量和品质。因此，利用盆栽试验可取得较为直接和准确的数据，再进行称重测定时空亏缺灌溉条件下温室辣椒的耗水量，可了解土壤水分动态特性变化。

1. 辣椒生育期内耗水量

不同灌水处理的总耗水量、各阶段耗水量及日平均耗水量变化很大。由于对照供水充分，其耗水量最大，达到201.16mm；虽然FPPP和FDDD该2种灌溉苗期供水充分，但因此时气温较低，而且在其他阶段对作物施加了水分亏缺，使得土壤含水量降低，随之蒸腾阻力增加，生育期耗水量减少，分别比全生育期充分灌溉少23.2%和19.2%。DFDP和PFPD这2种灌溉在苗期对辣椒进行不同灌水方式的亏缺处理，使得根系深扎，在开花坐果初期复水以后，耗水量出现了大幅增加的趋势，全生育期耗水量分别比最低的PPDF增加了20.4%和16.8%，从该盆栽试验可以看出，苗期根区交替水分亏缺比根区全面亏缺更有利于辣椒的根系深扎，以吸收更多的水分。其他处理因不同阶段控制的灌水量和灌水方式不同，其生育期耗水量在对照和PPDF之间浮动。

2. 辣椒蒸发量动态变化

由于苗期植株较小，盆栽辣椒的耗水量主要以土壤蒸发为主，后3个阶段由于植株逐渐长大，其耗水量逐渐变为以蒸腾为主，因不同的时空亏缺灌溉影响根区湿润面积和作物的生长发育，所以各处理的耗水规律出现了小范围的波动。由累积曲线可以看出，累积蒸发量在整个生育期内均呈上升趋势。辣椒整个生育期内由于各处理根区湿润方式不同，造成了不同的生理生长响应，使得各处理由土壤蒸发和植株蒸腾累加而成的蒸发量曲线相互之间出现了较大的分离。在辣椒不同生育期，由于灌水量和根系湿润方式的不同，各处理累积蒸发量也随着各阶段日耗水量的不同而变化。辣椒生长过程中，土壤日蒸发强度逐渐减弱，而植株日蒸腾强度逐渐增强，但在全生育期内植株的累积蒸腾量始终小于土壤的累积蒸发量。辣椒生育期内土壤蒸发量损失较一般作物更多，主要原因是辣椒的生理特性要求土壤含水量较高，需要经常保持在田间持水量的70%以上，为土壤蒸发提供了物质基础，同时辣椒种植密度较大，叶面积指数相对较低。

因此，盆栽辣椒耗水量随着灌水量的增大而增大，从生育期来看，结果盛期的日耗水量稍大于开花坐果期，苗期植株小且温度较低，日耗水量与其余3个阶段相比最低。通过对盆栽辣椒不同生育阶段的耗水量分析得出，应该在结果盛期或开花坐果期增加供水量的灌水模式是比较合理的。

二、时空亏缺灌溉对辣椒生长指标的影响

1. 株高

株高是体现植株生长发育全局、反应灵敏和变化较稳定的重要指标之一，在一定程度上反映了植株的营养生长状况，适宜的株高是辣椒高产的重要条件，同时也是制约生物学产量的决定因素。土壤水分变化会显著影响辣椒株

高。在充分供水条件下，植株营养物质的制造、积累及运转比较协调，植株的生长速度较快，一旦受旱会导致细胞分化、养分的吸收和传输受阻，不利于辣椒的生长发育，因而株高的增长也会受到抑制。在水分胁迫时辣椒生长受到抑制，受影响程度与胁迫程度和胁迫时间有关。对于辣椒株高的分析比较容易发现时空亏缺灌溉对辣椒营养生长和生殖生长所起的作用及其变化规律。时空亏缺灌溉从水分入手研究其变化规律。

对 4 个时期不同水分胁迫处理株高的比较可以发现，适度水分胁迫后进行正常灌溉，辣椒一般都具有快速生长现象，即所谓补偿效应，这是它对于环境变化的一种自我调节能力。这种现象普遍存在，但在不同时期却有着不同的特点。随着营养生长逐渐向生殖生长过渡，这种对于株高的补偿作用也随之变得缓慢起来，即辣椒在承受一定时间和强度的水分胁迫后，往往要经历一个过渡阶段才表现出较为显著的补偿效应，且这一阶段随营养生长能力的减弱而逐渐延长。补偿效应只能维持一定的时间，如苗期控水大概可持续到开花后期。控水强度的加大更有利于补偿效应的产生。

2. 分枝、开花及结果数

时空亏缺是在辣椒不同生育阶段采用不同的灌水方式和灌水量相结合的一种灌水模式，分枝数是一种营养生长的体现，开花数和结果数则是生殖生长的体现，不同生育阶段的灌水方式及灌水量差异将会不同程度地影响辣椒营养生长和生殖生长之间的协调，分析不同灌水模式对辣椒营养生长和生殖生长的调控作用，可以为确定最优灌水模式提供依据。

辣椒分枝数的总体变化规律与株高相似，各处理在控水前的分枝数相似，均在 3 个左右，其中 FFFF 最大，平均达到 4 个分枝数，控水处理 DFDP、DDPF 和 DPFD 3 种处理的分枝数均为 3 个，而分根交替灌溉的 PFPD、PDFP 和 PPDE 分枝数相较于其余处理最小，在初期的分枝数变化规律与株高相似，随着处理天数的延长，分枝数变化加快，但是各处理之间的差异不明显，此时辣椒植株较小，需水量也较小，不同灌水模式和灌水量对分枝数的影响无显著差异，而随着处理天数的延续，辣椒的耗水量逐渐增大，对干旱的反应更为敏感，尤其在开花坐果期（控水处理 30d 以后），各处理之间的差异开始变得明显，此时苗期采用充分灌的处理分枝数最大，分别为 10 个、10 个和

12 个，根系均匀亏缺灌溉的处理分枝数次之，分别为 7 个、8 个和 8 个，分根交替灌溉的处理分别为 7 个、7 个和 8 个，与根系均匀亏缺处理的接近，对相同灌水量不同灌水方式，辣椒分枝数未表现出差异显著性。因此得出此期间影响分枝数的最大因素为水分，与灌溉模式相关性较小，结果盛期分枝数增长速率明显小于开花坐果期，未表现出补偿效应，到了结果后期辣椒分枝数停止增长，此期主要为果实生长期，辣椒分枝数不再变化，补偿效应在分枝数上表现不明显，苗期的水分供应对辣椒分枝数起到了决定作用，后期控水对分枝数影响较小，因此为了有效控制地上物质生长，应该在辣椒生长初期有效控制水分。

在开花坐果期和结果盛期分次记录开花数和结果数，采用根系均匀亏缺灌溉的 DFDP、DDPE 和 DPFD 平均开花数最少为 8 个。第一次记录的结果数与开花数相似，与株高和叶面积的变化规律不完全相同，主要体现在根系均匀亏缺处理和分根交替灌溉两种处理方式上，与株高和叶面积刚好相反，主要因为分根交替灌溉交替湿润部分根区使根系分布均匀，对水肥利用效率提高，有效抑制地上物质生长的同时能够保证产量提高，在根系形成的主要阶段采取此处理方式能够有效控制营养生长而不影响生殖生长。

第二次记录开花数时，对照、DFDP 和 PFPD 充分供水的开花数最大，平均达 4 个 / 株，根系均匀亏缺灌溉次之，根系分区交替灌溉最小，第二次记录的结果数中对照总数最大，DFDP 苗期采用根系均匀亏缺处理，PFPD 苗期采用分根交替灌溉，虽开花坐果期均采用充分灌溉，但结果数中 PFPD 比 DFDP 增加 13.3%，说明适度亏水的两种方式中分根交替灌溉处理更有利于产量的提高，但结果数量比对照低 16.7%，虽未发现补偿效应，但明显高于其余处理。DDPF、DPFD、PDFP 和 PPDE 前两阶段均采取亏水处理，控水历时较长，对结果数量有影响，结果数分别为每株 13 个、14 个、11 个和 9 个，与 FFFF 相比，分别下降 27.8%、22.2%、38.9% 和 50%，而此阶段 FPPP 的结果数大于 FFFF，可能与植株个体差异有关，个体之间差异超出水分对其的影响。PDFP 和 PPDF 出现生长期延后的现象，结果数高于前一阶段，充分灌溉的 DPFD 出现超补偿效应，结果数达最大，比对照增加 70%，开花坐果期充分灌溉的 PFPD 阶段的结果数仍保持相对较高，为对照的 150%，PDFP 比前一阶段增长 4 个 / 株，且结果总数超过对照 30%，出现超补偿效应，在开花坐果期结果数相对较大的 FDDD、FPPPP 和 DFDP 阶段结果减少，分别比对照减少 30%、10% 和 20%。结果后期各处理的结果数几乎不再增加，仅为 2 个 / 株或 1 个 / 株，此阶段辣椒植株叶片老化，营养生长和生殖生长几乎停止。

3. 叶片含水率

在处理 FFFF ～ PPDF 中，叶片含水率总体均呈下降趋势，在每个生育阶段，叶片含水率随灌水量的增大而增大，在苗期 FFFF ～ FPPP 叶片平均含水率为 0.89，DFDP ～ DPFD 为 0.88，PFPD ～ PPDF 为 0.86，叶片含水率变化趋势为充分灌 > 根系均匀亏缺灌 > 交替灌，在苗期除 FDDD 与 PPDF 之间差异达显著性水平，其余处理间差异均未达显著性。开花坐果期叶片含水率在 0.77 ～ 0.80 波动。DPFD 和 PPDF 2 个阶段均为交替灌且灌水量是充分灌的 1/2，叶片含水率降至最低 0.77，此阶段叶片含水率下降的原因是此期为结果盛期，以生殖生长为主，结果量增大，更多的水分运移到果实，输送到叶片的水量减少，引起叶片含水率下降，此外，此期叶片老化速率大于新生叶片的速率，叶片含水率相较于苗期普遍下降，此期 FPPP 与 DFDP ～ PPDF 之间差异达显著性水平。

结果盛期叶片含水率下降速率低于开花坐果期，DDPF ～ PDFD 有略微上升的趋势，此期果实数目大量减少，水分能更多地传送到叶片导致叶片含水率上升，FFFF、FDDD 和 FPPP 的果实数量也减少，但是由于在苗期采取了充分灌，叶片数较大，营养生长较快，生殖生长提前，生育期缩短，这 3 种处理的老化叶片较多，新生叶片较少，导致叶片含水率低于 DDPF ～ PDFD，PPDF 的叶片含水率下降较快，PPDF 前 3 个阶段均采用分根交替灌溉或根系均匀亏缺灌溉，控水严重，该期间主要是果实生长期，有限的水量更多地分配给果实生长和开花，导致输送到叶片的水量减小，叶片含水率相比于其余处理要小得多。

结果后期，PPDF 的叶片含水率相较于前一个生长阶段增大，PPDF 结果后期采用充分灌，叶片含水率达到 0.80，接近对照 0.81，出现补偿效应，其余处理相较于前一阶段均减少，此阶段叶片老化严重，接近生育期的尾期，叶片含水率均低于 0.80，结果盛期与结果后期仅叶片含水率最大的对照处理与最小的PPDF之间的差异达显著性水平，其余处理间差异未表现出显著性。

第二节 产量品质及水分利用效率

传统灌溉方法大多考虑的是如何从时间上分配有限的水量，被动地实行补充灌溉或限水灌溉以达到提高水分利用效率的目的，没有从刺激作物根系吸水功能和改变根区剖面土壤湿润方式的角度出发来提高作物的水分利用效率。根系分区交替灌溉是利用作物生命需水信号进行主动时空调控的灌溉方式，大量研究表明，水分亏缺灌溉可减少营养生长冗余，大幅度节水而不减产或减产幅度较小，同时提高作物品质。目前，大田中应用亏缺灌溉的模式比较单一，多为双管交替灌溉。人们更为关心的是应用时空亏缺灌溉技术在大量节水的同时是否会造成经济作物减产或者品质的下降。同时作物产量和水分利用效率的同步提高是当今节水农业所追求的一个主要目标，为了进一步探讨在经济作物辣椒上应用时空亏缺灌溉的潜力和可行性，在玻璃温室中开展了辣椒时空亏缺灌溉对经济产量、品质和作物水分利用效率研究，以期为时空亏缺灌溉在我国南方地区推广应用提供理论依据。

一、不同灌水模式产量及水分利用效率

作物产量是诸多因子共同作用的结果，辣椒不同生育阶段对水分亏缺的敏感度不同，相同程度的水分亏缺发生在不同的生育阶段对产量的影响也就不同，针对盆栽辣椒不同灌水模式的产量和作物水分利用效率进行分析比较。

对照处理灌水模式在苗期和开花坐果期均充分灌溉，结果期提前，在第一次采摘果实时，对照处理的果实较大，达127.98g/ 株，在苗期重复供水的FDDD处理果实总量次之，为108.61g/ 株，而苗期根系均匀亏缺灌溉的各处理果实总量比充分供水小，苗期分根处理的产量最小，第二次采摘果实时DFDP和PFPD果实增长迅速，分别增加20.70g/ 株和48.55g/ 株，对照下降25.68g/ 株，因此复水能有效提高辣椒果实产量，而在苗期和开花坐果期均控水的各处理产量与对照相比下降，FDDD、DDPF和FDFD均比第一次采摘的果实量减小。因此两个阶段连续控水处理抑制了产量的增长，第三次采摘果

实仍为开花坐果期充分供水的处理DFDP产量达最大，达104.60g/株，超出FFFF处理8.0%，且DFDP在此阶段产量达最大值，而对照、FDDD和FPPP在此阶段果实重量已出现急剧下降的现象。

在植株生长的早期充分供水会使生长期提前，同时营养生长过旺导致后期果实产量减少，会严重影响辣椒这种重复结果作物的后期产量，从而导致减产，如FDDD和FPPP比对照减少80.5%和82.4%，因此苗期充分供水的处理在后期经历控水会导致产量严重减少，抗旱能力比前期经历过控水处理要小得多，而在苗期和开花坐果期均控水处理，比在结果盛期充分供水处理DFDP和PDFD产量有增加的趋势，分别比对照增加2.69%和7.19%，与DFDP相比降低4.89%和0.72%，从产量总计来看，不同阶段控水处理均会不同程度地降低辣椒产量，在开花坐果期或结果盛期充分供水的处理与对照产量相比下降不明显，DFDP和DPFD分别下降6.04%和12.24%，而在这2个阶段均控水的各处理产量下降明显（6.04%～58.37%），其中下降最明显的为PPFD处理，与对照相比下降58.37%。因此辣椒不同生育阶段对水分亏缺的敏感度不同，相同程度的水分亏缺发生在不同的生育阶段对产量影响也不同，开花坐果期充分供水可以将产量减小控制到最低。

在整个生育期内，苗期进行根系均匀亏缺处理，开花坐果期充分灌溉，结果盛期和结果后期分别为根系均匀亏缺处理和分根交替灌溉处理，在产量稍减的情况下，水分利用效率达到最大，比对照处理节水34%，形成高产和高效相统一。苗期、开花坐果期和结果盛期均采用水分胁迫的PPDF处理，在产量骤减的情况下，水分利用效率也最小，与对照处理相比减产58.37%，与其余处理相比亦减产严重。苗期充分供水，其余根系均匀亏缺处理的FDDD在产量严重下降情况下，水分利用效率也相对较小。FPPP苗期采用充分灌溉而其余阶段均分根交替灌溉，其水分利用效率比对照处理降低30.1%，但产量下降47.15%。苗期充分供水其余阶段均控水的各处理产量严重减小情况下，水分利用效率亦相对较小。而处理DDPE在水分利用效率降低不明显情况下产量下降37.78%，这种以牺牲产量为前提来提高水分利用效率的灌水模式在现实生活中不具意义。此外，较高的水分供应亦不能实现高产和高效的统一如对照处理，该处理产量最大为223.80g/株，但耗水量最大，水分利用率比 DFDP 降低 15.88%，造成水分的浪费。

在不同灌水模式的果实单个重量方面，开花坐果期充分供水的 DFDP 的单果重达 29.65g，FPPP 处理的辣椒单果重为 22.54g，但分别比对照处理下降 7.35% 和 18.00%。结果盛期充分供水处理的 PDFP 单果重也相对较高，达 22.08g。前 3 个阶段均控水处理的 PDFP 单果重仅为 15.94g，比对照处理降低 42.0%。虽然 DFDP 经过 3 个阶段的控水处理，但是在开花坐果期充分供水，其单果重并未明显下降，因此时空亏缺灌溉处理可以提高辣椒果实的重量和品质，同时开花坐果期或结果盛期充分供水能够有效增加果实的重量，主要因为在开花坐果期，辣椒果实迅速膨大，充分供水能够提供果实需要的水分，有利于果实的膨大，提高单果重，经方差分析处理 FFFF、FDDD、DDPE、DPFD、PFPD 及 PPDE 灌水模式的辣椒单果重之间的差异均达显著性水平，因此辣椒不同阶段控水均能显著影响辣椒果实的单个重量。

二、不同灌水模式辣椒含量率分析

由于辣椒时空亏缺灌溉模式在不同时期的湿润方式和灌水量不同，为了检验生殖生长期控水是否会导致果实品质的下降，进行了不同灌水模式辣椒果实含水率研究。

辣椒果实含水率随灌水量的增加而增加，开花坐果期充分供水的对照处理、DFDP 及 PFPD 处理果实含水率达最大值，而苗期、开花坐果期及结果盛期均控水处理果实含水率达最小值，各处理之间的果实含水率相差不大。不同时期测定果实含水率，第一次测定的果实含水率从 0.8957 ～ 0.9185，最大和最小值之间相差 2.48%；第二次测定的果实含水率从 PPDF 的 0.8881 上升到 DFDP 的 0.9348，最大值和最小值之间相差 4.99%，与第一次相比差异变大，随着时空亏缺灌溉控水模式的延续，果实含水率之间差异变大，且第二次测定的各灌水模式果实含水率之间的差异达显著性水平，第三次测定果实含水率为 PPDF 最小，与最大的对照处理之间相差 4.74%，各处理之间的差异亦达显著性水平，且各处理之间的果实含水率呈下降趋势，第四次测定的各处理之间差异达显著性水平，因此不同时空亏缺灌溉模式对辣椒果实的含水率的影响显著。

第三节　时空亏缺灌溉最优模式

作物灌溉的研究已经由传统的丰水高产型转向节水优产型灌溉，研究重点由重视产量型转向产量与品质并重型。对于温室盆栽辣椒来说，由于不同生育阶段的土壤水分对辣椒产量、品质各项指标及水分利用效率影响不一致，所以很难在一种灌水模式中得到各项评价指标的最优值。如何在综合考虑产量、品质及水分利用效率等各项指标下，对时空亏缺灌溉的9种灌水方案做出评价和优选显得尤为重要。

一、投影寻踪分类模型简介

灌水方案评价研究的核心是如何合理地将多个评价指标问题转换成单个综合评价指标的形式，这样在低维空间中才能实现方案的优选。多元分析方法是解决这类高维数据问题的有效工具，但传统的多元分析是建立在总体服从正态分布假定基础上的，而实际上各评价方案总体分布是不确定的。目前国内外学者提出的一系列方案优选理论对灌水方案评价确实起到了积极作用，如模糊综合评判模型、灰色综合优选模型、层次分析法优选模型等，但这些方法多是把各评价指标赋权后得到一个综合数值，而权重的赋予多带有人为主观因素，容易偏离评价目标，并缺乏各指标对总体目标贡献大小和方向的结构性评价。为此，通过加速遗传算法优化投影寻踪分类模型中的投影方向参数，完成高维数据向低维空间的转换，实现将样本的多个评价指标转化成一个综合指标，然后按投影值进行排序与识别，从而实现对设施栽培辣椒的多种灌水模式评价。

投影寻踪是一种处理不确定信息复杂问题的有力分析手段，就是将高维数据向一维方向进行线性投影，通过一维投影数据的散布结构来研究高维数据的特征，既可作探索性分析又可作确定性分析的方法。它的基本思路是：把高维数据通过某种组合投影到低维空间，用低维空间中投影散点的分布结构揭示高维数据的结构性特征，或根据该投影值与研究系统的输出值之间的散点图构造数学模型以预测系统的输出。

二、投影寻踪模型建模步骤

运用遗传投影寻踪技术建立辣椒时空亏缺灌溉最优模式评价模型的过程分为以下 4 个基本步骤，具体包括线性投影、构造目标函数、优化投影方向和综合评价。由此将遗传投影寻踪模型具体应用到时空亏缺灌溉最优模式的评价分析上。将时空亏缺灌溉最优模式的评价指标体系（高维数据）投影到一维子空间，借助加速遗传算法，建立投影寻踪分类评价模型，多次运算，寻找最佳投影方向，形成评价指标值。同理，对标准级别评价指标体系进行同样数据处理，得出最佳标准投影值。两者进行比较，绘制投影散点分布图，即得出时空亏缺灌溉模式的级别和水平。

时空亏缺灌溉最优模式优选模型构建具体包括：①构造时空亏缺灌溉最优模式的综合评价目标函数。投影指标是由数量级存在较大差异的辣椒产量和水分利用效率等评价指标构成的，因此为了消除量纲、统一指标的变化范围，对于越大越优和越小越优的指标均进行规格化处理。②优化投影目标函数，确定最佳投影方向。当辣椒时空亏缺灌溉的各指标值的样本给定时，其投影指标函数只随着投影方向的变化而变化，不同的投影方向反映着不同的样本数据的结构特征。

三、投影寻踪建模结论与讨论

为了综合评价 9 种灌水模式的优劣，对辣椒时空亏缺灌溉最优模式的投影寻踪建模评价指标的原始数据进行分析，选取果实鲜重、果实干重、果实单个重、单个体积和水分利用效率，作为此次评价的指标因子，使投影函数为最大，有 5 个需要同时优化的参数，实质上属于多维参数寻优的问题。

先对这 5 个参数进行均一化处理，计算得出最大投影指标函数值和最佳投影方向，最佳投影方向各分量值代表了相应指标对总体评价目标贡献的大小和方向，各分量所代表的指标顺序依次为果实鲜重、果实干重、果实单个重、单个体积及水分利用效率。从最佳投影方向可以看出，果实鲜重、果实干重、果实单个重和单个体积 4 个指标为同一方向。需要说明的是，由于水分利用效率投影分量最大，认为水分利用效率对总体评价目标的贡献最大，其依次为果实干重、果实鲜重、果实单个重，果实单个体积对总体评价目标的贡献最小。

在选用辣椒产量、水分利用效率及品质等各项指标的情况下，投影值越大表示该灌水模式越好，对各种灌水模式的优劣排序，即灌水模式 4> 灌水模式 1> 灌水模式 6> 灌水模式 5> 灌水模式 8> 灌水模式 7> 灌水模式 2> 灌水模式 3> 灌水模式 9。从评价结果来看，灌水模式 4 为最优灌水模式，其次为灌水模式 1，最差为灌水模式 9。灌水模式 4 是苗期对作物进行适当的干旱锻炼，使根系深扎，以便协调作物地上与地下部分的关系，增加根的吸收能力和合成能力。进入开花坐果期后充分灌水，由于作物的补偿生长效应，辣椒株高及根粗迅速接近甚至超过对照处理。灌水模式 1，4 个阶段均对辣椒进行充分灌溉，果实产量最大，与灌水模式 4 相似的是灌水模式 6，在苗期对作物进行干旱锻炼，而在结果盛期给予充分的水分，开花坐果期通过控制土壤水分来调节光合产物在营养器官和生殖器官之间的分配与比例，这也是实现增产的一种有效方法；而灌水模式 9 在苗期以后的 3 个生育阶段由于采用连续水分亏缺，使得作物正常生长的生理过程受到破坏。灌水模式 9 果实鲜重、干重、单个重及水分利用效率均达最小值，投影寻踪的结果亦显示其投影值最小，在 9 种灌水模式中产量和水分利用效率均最小。因此，从灌水模式评价模型可以看出，为了实现高产、优质和较高的水分利用效率，应优选灌水模式 4，即苗期根系均匀亏缺灌溉，开花坐果期及时按对照进行复水，结果盛期和结果后期适当控水，灌水模式 6 在苗期根系均匀亏缺灌溉，结果盛期按对照复水，这种灌水模式亦比较合理。

第十章　辣椒膜下滴灌调亏灌溉

膜下滴灌技术是滴灌技术与地膜覆盖栽培措施有效结合的产物，可有效抑制作物棵间蒸发，提高田间浅层地温和避免灌溉水深层渗漏。大量研究结果表明，膜下滴灌技术可节水 40% ～ 50%，增产 20% 左右。膜下滴灌因地形适应性强、水分利用率高等优点已在全国范围内大量推广。膜下滴灌技术的节水增产机理主要有：增加土壤浅层温度，促进作物生长发育；减少水分的蒸发和深层渗漏，提高水分利用效率；减少养分的淋溶渗漏损失，提高肥料的利用效率；提高作物抗旱、抗寒以及抗盐渍化能力；减少杂草生长和病虫害。与传统的非充分灌溉不同的是，调亏灌溉是以作物生长与水分的关系（主要是作物产量、品质和作物生长消耗水分的关系）及作物不同时期对水分亏缺的敏感性为基础人为施加一定程度的亏水度，从而使作物产量、品质和水分利用效率 3 个主要指标综合达到最优的灌溉策略。调亏灌溉能够充分激发作物生理节水功能，通过水分调节作物一些受遗传特性或生长激素影响的生理生化作用，从而改变作物光合产物的运输路径以及光合产物在各组织器官的分配比重，从而提高收获部分所含有机物质的总量，以达到节水和增产增效以及改善作物品质的目的。因此，调亏灌溉从作物的生理角度出发开辟了一条最佳调控土壤 - 植物 - 大气系统中水分运移的有效途径，是一种更科学和更经济有效的灌水策略。植物对干旱逆境的适应机制可简单概括为避旱、御旱和耐旱三类。作物在生长前期（主要是营养生长阶段）受到一定程度的水分亏缺后复水，导致在形态以及生理上发生变化，从而形成有利于后期生长和产量形成的恢复能力，例如，冗余营养器官减小，根系生长加快或根冠比增加，使得作物对养分和水分的利用能力加强，从而使作物最终在生物量或产量上与水分供应充足的处理相比不减产或者减产很少，甚至出现一定幅度增产，以补偿作物在水分亏缺期间所受的损失，通常把作物的这种生长调节机制称为水分亏缺补偿或超补偿功能。水分亏缺补偿或超补偿功能，是作物在适当的时候受到一定水阈值以内的水分亏缺进行及时适度复水后才能充分发挥出来。作物在适度受到水分胁迫时，在细胞渗透、蒸腾和光合作用以及同化物质运输和分配等生理过程会发生变化以适应干旱逆境，复水后作物的这种适应性生理过程并不会立即消失而会持续一段时间，从而使得复水后生长能力大大提高，弥补了前期亏水所造成的部分和全部损失。因此，把握好调亏灌溉过程中水分亏缺的时间和水分亏缺度，才能充分发挥出调亏灌溉的优势，达到节水增产的目的。

研究以大田膜下滴灌为辣椒栽培模式，在辣椒苗期、开花坐果期、盛果期和后果期 4 个不同生育期，设置充分灌溉（田间持水量 75% ～ 85%）、轻度水分亏缺（田间持水量 65% ～ 75%）、中度水分亏缺（田间持水量 45% ～ 55%）和重度水分亏缺（田间持水量 45% ～ 55%）4 个灌溉水平，研究不同生育时期水分调亏对辣椒田间浅层地温、辣椒生长动态、辣椒田间土壤水分动态和辣椒耗水规律、辣椒产量形成和水分利用情况的影响研究，从而明确辣椒的最优灌溉制。

第一节　辣椒全生育期水分亏缺研究

在辣椒苗期和开花坐果期均分别设置轻度、中度和重度水分调亏，而在前果期和后果期只设轻度和中度水分调亏。共设 11 个处理，其中对照处理的苗期、开花坐果期、盛果期和后果期均设置充分灌溉，即田间持水量为 75% ～ 85%。每个小区面积为 2.4m×6.0m，当测得试验小区水分低于设计下限时，灌水到设计上限，灌水方法为膜下滴灌，水表量水，计划湿润层为 30cm。在辣椒全生育期水分亏缺研究中，进行辣椒产量、株高、茎粗、叶面积指数、干物质、辣椒青果含水率、地温、土壤水分、辣椒耗水量、水分利用效率和灌溉水利用效率以及辣椒收获指数等测定。

一、气象因子及田间浅层地温

土壤温度与作物的生长发育及产量有着密切关系，土壤温度变化引起土壤水分、气体和溶质运移，从而影响作物的生理、生长及最终的产量。作物田间地温受气候、田间水分和栽培覆盖方式等诸多因素影响而呈现出不同的时空分布规律，且在不生育阶段影响地温的主导因素不同。在膜下滴灌条件下，地表覆膜改变了大气与土壤界面，膜的存在阻隔了土壤水分的蒸发，从而降低了土壤水分散失，土壤与大气之间的热量交换也因此受到明显阻碍。一般膜下滴灌水分主要集中在土壤浅层，灌溉后，土壤水分增加，导致土壤热容量增加，影响膜下浅层地温变化。辣椒根系多分布在地表 0 ～ 30cm 范围内。因此，研究膜下滴灌条件下，浅层地温的变化规律，对提高露天栽培辣椒水热利用效率具有重要的现实意义。

辣椒适宜的温度在 15 ～ 34℃。苗期要求温度较高，白天 25 ～ 30℃，夜晚 15 ～ 18℃最好，幼苗不耐低温，要注意防寒。辣椒如果在 35℃以上时会造成落花落果。辣椒对水分条件要求高，耐旱和耐涝能力较弱，喜欢比较干爽的空气条件。辣椒全生育期内的气温变动幅度较大，冷热交替频繁，但高温和低温持续时间短，苗期平均温度为 11.9℃，不利于幼苗的快速增长，其余生育期平均温度均在 17 ～ 19.8℃，有利于辣椒的生长发育。辣椒是喜光作物，全生育期内日照总时数为 766.8h，开花坐果期和盛果期是辣椒生长的关键时期，总日照时数分别为 274.7h 和 262.1h，光照充足，有利于辣椒光合产物的大量积累，从而有利于辣椒产量的形成。辣椒在开花全生育期降水量主要集中在盛果期后期和后果期，而在开花坐果期降水量最小。所以在幼苗生长的苗期和干旱少雨的开花坐果期，要保证足够的供水才能保证其正常生长，而在果实大量形成的盛果期和后果期，应避免田间积水，防止雨水向根区大量入渗，是预防辣椒疾病和涝害的关键。膜下滴灌条件下，地膜覆盖能有效提高膜下土壤浅层温度。此外，田间地温受田间土壤水分影响也较大，通过灌水提高土壤含水率会增加土壤热容量，从而可减少土壤温度日变化幅度，提高地温时段浅层地温。因此，地膜和滴灌的结合可有效缓解田间低含水率和高地温对作物的伤害。土壤水热状况是影响作物生长的重要因素，合理的套种模式和适宜的土壤水分含量有利于作物根区形成良好的生长环境，从而促进作物的生长。膜下滴灌条件下土壤的水分含量显著影响地温变化。同时，地膜覆盖也改变了土壤的水热耦合特性，合适的土壤水分状况将有利于根区良好水热的形成，从而更有利于作物的生长。研究辣椒生育期基本气象因子及辣椒田间浅层地温变化结果表明，膜下滴灌条件下，灌水提高土壤热容量，辣椒各生育期低温时段膜下 25cm 内的平均地温均随土壤水分的增大而增大，特别是在苗期，充分供水处理地温比重度水分处理高 2.2℃。膜下土壤含水率的增加可提高土壤最低温度和降低土壤最高温度，从而减小地温变幅，减少过大地温变幅对作物生长和发育造成的危害。各生育期辣椒膜下 25cm 土层平均温度日变化幅度随着土壤含水率增大而减小，地温峰值也随着土壤含水率增大而增大，且峰值出现时间随着土壤含水率的增大而依次延后。因此，田作物栽培采用膜下滴灌的方式可有效调节或改变辣椒根区地温极值出现的时间和大小，从而有利于改善辣椒根区水热环境和生长的调节。

二、辣椒生长影响

植物受到水分胁迫时内部结构和生理的异常都会通过外部形态变化以适应胁迫环境，如株高或叶面积下降以及根冠比增大等，一般叶片是对水分亏缺反应最敏感和表现最突出的部位。辣椒根系不发达，根系下扎深度小和根量少，这既不耐旱也不耐涝，因此辣椒对水分要求苛刻。调亏灌溉的水分亏缺时间和水分亏缺度是建立在作物自身生长特性基础上的调控，明确作物自身生长规律及其水分与作物生长之间的密切关系是进行科学调控的前提。因此，确定不同时期和不同程度水分亏缺条件下露天膜下滴灌栽培辣椒的生长，对了解作物对水分亏缺的适应性和应用调亏灌溉调节作物生长和产量的形成至关重要。

辣椒在生长过程中随着干旱胁迫的加剧，株高、茎粗、叶面积和生物量都呈现下降趋势，苗期和开花坐果期受到干旱胁迫复水后，由于辣椒的补偿生长效应，辣椒株高和茎粗等营养指标迅速接近对照处理。辣椒全生育期充分供水的对照处理株高、茎粗和叶面积指数始终处于最高水平，苗期、开花坐果期和盛果期不同程度水分调亏均引起辣椒株高、茎粗和叶面积指数显著（$P<0.05$）下降，且水分调亏程度越大，株高、茎粗和叶面积指数就越小。由于后果期辣椒株高和茎粗基本不变，水分调亏对株高和茎粗无显著（$P>0.05$）影响，而此生育期，辣椒叶面变化小，只有中度水分调亏处理对叶面积指数产生显著影响，使叶面积指数显著小于对照。

按照根冠功能平衡学说，作物受到逆境的影响时能够自动把所获得的营养分配给最能缓解资源胁迫的器官如果实或种子中，以避免物种的灭绝。辣椒苗期水分能够刺激辣椒根系生长尤其是主根的生长，增加了根的吸收能力和合成能力。辣椒除了在开花坐果期受到重度亏缺外，在苗期和开花期受到不同程度水分亏缺，辣椒根冠比均显著（P>0.05）大于对照，特别是苗期中度水分胁迫和开花坐果期轻度水分胁迫对提高辣椒根冠比的作用最明显，且辣椒在苗期受到中度水分胁迫后期复水后，辣椒根冠比在开花坐果期仍保持较高值，这将有利于辣椒后期抗旱能力和养分吸收能力的提高。水分亏缺对辣椒收获指数的影响与水分亏缺的时期和程度有关，开花坐果期中度和重度水分调亏使辣椒收获指数显著下降，而苗期中度水分调亏能显著提高辣椒收获指数，从而促进辣椒营养物质向果实中的分配，其余各水分调亏对提高辣椒收获指数作用不明显，这可能是由于研究前期一次性施肥，后期无追肥，后期辣椒进入生殖生长阶段后，水分胁迫处理组辣椒与对照处理辣椒有更小的营养器官，前期消耗养分较小，后期复水后有更多的养分供辣椒果实的生成原因造成的。

效用问题是农业水资源利用的关键和核心，随着水资源短缺的加剧和全球人口的增长，农业生产不仅要达到一定的节水标准，更重要的是要提高水的生产效益。调亏灌溉可有效抑制营养生长，促进作物生殖生长，进而提高作物经济产量，降低作物水分和养分的无效消耗，最终提高作物水分和养分利用效率，促进农业经济效益的增加。

三、辣椒耗水特征

土壤水是植物所需水分的主要来源，土壤水分主要来源于大气降水和灌溉水。但在干旱少雨，且地下水埋藏较深的农业灌区，作物田间土壤水分的主要来源灌溉水，而田间土壤水分因受到降雨、灌溉、湿度、气温、风速作物覆盖和腾发量等因素的影响而不断变化。作物耗水量与气象条件、土壤物理特性、土壤含水量、作物种类、作物品种、作物栽培方式以及作物所处生育期等因素有关。研究露天膜下滴灌条件下水分调亏对辣椒耗水规律的影响以及田间膜下土壤水分的变化规律，对掌握辣椒耗水规律和制定露天辣椒灌溉制度有重要指导作用。

土壤水分是构成土壤肥力一个重要因素，土壤水分是作物吸收水分的最主要的来源，对作物的生长产生直接的影响，同时土壤水分影响土壤水、肥、气和热等。在充分供水条件下，辣椒生育期内 0 ～ 40cm 土层土壤含水率始终保持在较高的水平，40 ～ 60cm 土层土壤含水率相对较低，且变化幅度较小；各阶段水分调亏处理由于灌溉次数和每次灌溉量少的原因，0 ～ 40cm 土层土壤含水率明显小于阶段其他充分供水处理。在不同生育期充分供水条件下，辣椒主要消耗 0 ～ 30cm 土层内的水分，但随着调亏程度的增加，辣椒 30 ～ 60cm 的土层内水分消耗量加大，但在 60cm 深处各处理水分相差不大。由于研究辣椒计划湿润层和滴头流量较小，灌水后土壤主要存蓄在 0 ～ 40cm 土层内，因此灌水后基本无深层渗漏。

作物需水量的大小及其变化规律决定于气象条件、作物的特性、土壤性质和农业技术措施等，但又有其大致的耗水量范围和一定的规律。辣椒全生育期耗水量主要集中在果实大量生长的采摘期，而开花坐果期和苗期相对较小。随着灌水上限的降低，辣椒生育阶段耗水量和日耗水量减少，但耗水规律相似，盛果期 > 开花坐果期 > 后果期。辣椒全生育期耗水量呈现出先增后降的变化规律。苗期最小，到开花坐果期开始增大，到盛果期达到最大值，到后果期又开始下降，这主要是因为辣椒在苗期植株小、叶面积小、气温低，因此耗水量也小。到开花坐果期，日平均气温升高，温差小，辣椒开始大量生长，叶面增大，而此生育期降雨小，空气相对干燥，辣椒耗水量开始增加，到盛果期，辣椒营养生长基本完成，辣椒果实大量形成，并且气温较高，所以耗水量较大，到后果期，由于降雨的原因和气温的下降，辣椒耗水量较盛果期小。

四、辣椒产量及水分利用效率

辣椒在苗期耗水量较小，后期进入高温季节后，随着植株的不断生长及果实的大量形成，需水量随之大增。我国一些地区辣椒栽培多采用较粗放的地面大水漫灌和沟灌等灌溉方式，因为灌水量大从而导致灌水深层渗漏严重、水分利用效率低。辣椒对土壤水分条件要求较高，过多或过少的水分供应均可导致辣椒产量和水分利用效率的降低。发展节水高产高效的灌溉技术，提高了农业水资源的利用效率，是当地农业发展的必然选择。

大量研究表明，不同时期缺水对作物产量影响不同，作物产量与其生育期总耗水量关系基本上是一致的，即作物达到最大产量后再增加灌水是一种浪费，不仅不会增加产量，反而有可能引起作物减产和水分利用效率的下降。不同生育阶段水分调亏对辣椒青果产量的影响，与调亏时期和调亏程度有关，而对辣椒这种分批采收的蔬菜，水分调亏对不同批次的产量亦产生不同的影响。辣椒水分利用效率和灌溉水利用效率均与产量呈二次关系，而辣椒水分利用效率和灌溉水利用效率分别随着全生育期耗水量和灌水量呈二次抛物线型变化，这说明合理调控水分，通过多种措施相互配合，增加产量，是提高辣椒对水利用效率的重要途径。

膜下滴灌调亏可以有效控制作物生长，调控合成产物的时空分布，有利于最终经济产量的增加，从而提高水分利用效率。调亏灌溉会降低果蔬的含水率，这有利于储存和保鲜，从而提高货架寿命。辣椒在果实大量形成和不断成熟的盛果期和后果期，将土壤含水率控制在田间持水量的 65% ～ 75% 或 55% ～ 65% 时，辣椒果实含水率均显著（$P<0.05$）小于对照处理，这有利于提高辣椒储运品质。在果实形成前期，一定程度水分亏缺有利于后期辣椒单果重的提高，而在果实形成时期，辣椒单果重随着所受水分亏缺程度的增加而不断下降。

作物水分利用效率通常被用来衡量农业生产的用水效率，一般被定义为单位耗水量的产量（生物量或经济产量）。膜下滴灌调亏可减少作物生育期耗水量，促进作物水分利用效率的提高。各水分处理辣椒灌溉水利用效率相差不大，苗期中度和重度水分调亏以及后果期轻度和中度水分调亏处理的辣椒水分利用效率分别比对照显著（$P<0.05$）提高 11.60%、9.40%、8.64% 和 6.25%。但苗期中度调亏处理和后果期轻度和中度水分调亏处理产量与对照无显著差异。综合考虑辣椒产量和辣椒水分利用效率，采用综合因子评价法，发现辣苗期中度水分调亏处理，而开花坐果期、盛果期和后果期充分灌溉为最优灌溉制度。

第二节　辣椒苗期、盛果期及后果期水分亏缺研究

将辣椒生育期按照生长特点分为苗期、开花坐果期、盛果期和后果期 4 个生育期。设置 4 个土壤水分调控水平，分别是充分灌水（土壤含水率 75% ～ 85%）、轻度水分调亏（土壤含水率 65% ～ 75%）、中度水分调亏（土壤含水率 55% ～ 65%）和重度水分调亏（土壤含水率 45% ～ 55%）。在辣椒苗期分别设置轻度、中度和重度水分调亏，而在盛果期和后果期只设置轻度水分调亏。根据不同水分调亏程度和调亏生育期共设置 4 个调亏处理和 1 个充分灌溉对照。灌溉方式为膜下滴灌，用水表准确量测水量，计划湿润层为 30cm，当各处理的计划湿润层土壤水分达到控制下限时即予以灌水，灌水量达到目标控制上限。试验辣椒在开花坐果期各处理都进行充分灌溉，T1 处理在辣椒苗期进行中度调亏、盛果期进行轻度调亏；T2 处理在辣椒苗期进行重度调亏、盛果期进行轻度调亏；T3 处理在辣椒苗期进行轻度调亏、后果期进行轻度调亏；T4 处理在辣椒苗期进行重度调亏、后果期进行轻度调亏。

一、土壤温度的影响

土壤温度直接或间接影响了作物全部生育期的生长发育，适宜的土壤温度使作物各器官可以处于相对高效的工作效率，并且为土壤内的微生物提供较好的环境，对作物生长发育具有促进作用。土壤温度的变化主要受大气温度和水分的影响，并且直接影响作物的生长、生理和产量。覆盖种植可以有效地调节作物土壤温度，不同的覆盖方式对土壤温度、土壤水分和土壤理化性质都有显著影响。研究发现，作物在地膜覆盖种植的条件下，浅层土壤中的土壤温度、土壤水分和土壤养分均有显著提高，并且加快作物的生长发育，明显提高产量。

地膜覆盖在作物生育前期具有良好的保温、增温作用，可以保持土壤水分、控制土壤蒸发，给作物生长提供良好的土壤温度环境和水分环境，显著地增加作物的产量。地膜覆盖减少了无效的土壤蒸发，具有非常好的保墒作用并且可以节约用水，对干旱半干旱地区农业具有十分重要的意义。表层土

壤白天接受日晒影响导致自身温度升高，与深层土壤形成上高下低的温度差之后导致热量传递到深层土壤，表层土壤吸收的热量中部分用于提高自身温度，只有部分热量传递到深层土壤中，所以出现了土壤温度的幅度变小和滞后性，而晚上表层土壤热量散发到空气中后，形成了上低下高的温度差，由深层土壤将热量传递到浅层土壤中提高低温。辣椒幼苗不耐冻，需要保证苗期温度，土壤覆膜后改善了土壤层的温度情况，减少了低温变化幅度，避免辣椒幼苗因为地温变化幅度过大而冻伤幼苗。通过数据分析，从各时期的土壤温度变化可以得出，在全生育时期不同深度的土层温度变化趋势均表现为正弦曲线变化规律，且随着土层深度的增加，峰值温度出现的时间渐渐向后推迟，变化趋势越来越趋于平缓，温差也越来越小，有明显的滞后作用。浅层 5cm 土壤因为受到外界环境的影响，变化幅度最剧烈，浅层土壤温度的变化与气象温度日变化密切相关，在中午前后处于升温阶段并且出现地温极值，其余阶段表现为降温且变化幅度不大，保温作用明显。覆膜对土壤的保温效应在生育前期明显，生育后期表现不明显，这是因为后期辣椒的叶片和植株遮挡阳光不能直晒地面导致地表温度降低有关。因此，辣椒的栽培采用地膜覆盖可以明显影响根部浅层土壤温度的变化，从而让辣椒在合适的水热环境中生长发育，提高辣椒产量。

二、辣椒生长动态

辣椒的根系较浅而且根系数量较少，对水分调亏非常敏感，过涝或者过旱都会导致辣椒无法正常生长，最终导致产量减少，降低经济效益。作物的生长指标可以从株高、茎粗和叶面积指数反映出作物的生长发育情况，调亏灌溉技术的核心就是在作物生长发育的某个生育期间利用水分调亏处理让作物受到一定程度的水分胁迫后，再于某个生育期间进行复水处理，水分胁迫会使作物从株高高度、叶面积降低和根冠比增大等方面的变化来适应胁迫环境。

作物生长除了和自身的生理特性有关以外，还受到环境因素、土壤营养物质等方面的影响。其中土壤水分就是限制作物生长的基本原因之一，在生长发育期间加剧水分调亏的程度，会使辣椒的株高、茎粗、叶面积和干物质积累量等生理指标都出现下降的趋势，在苗期进行水分调亏复水后，会使辣椒出现补偿性生长，各项营养指标快速接近对照处理。水分调亏使得作物体内含水量减少，进而细胞收缩，细胞壁松弛，细胞内部扩展受到抑制，导致作物生长缓慢。通过对膜下滴灌调亏辣椒的分析研究表明，全生育期充分灌水的对照的营养指标株高、茎粗、叶面积指数和干物质积累量均处于最高水平，整体上说，辣椒所有处理进行不同水平的水分调亏均能导致株高、茎粗、叶面积指数和干物质积累量的显著降低，水分调亏程度越严重，各项营养指标越小，说明辣椒在生长发育的过程中生理指标对土壤水分非常敏感，株高和茎粗呈现相似的变化规律。辣椒的株高和茎粗在苗期到开花坐果期生长较慢，开花坐果期到盛果期生长速率最快并在盛果期达到最大值，之后在盛果期到后果期生长速率缓慢下降。辣椒的叶面积指数增长速度在苗期至开花坐果期最快，其次为开花坐果期至盛果期，而盛果期至后果期的生长速度最慢。辣椒干物质积累量总体呈现了“慢—快—慢”的生长趋势，干物质积累量也表现出逐渐上升的变化趋势，说明对辣椒进行适时适度的水分调亏对其生长发育起到了促进作用。

三、辣椒耗水特征

土壤水分是作物生长的最关键的因素之一，对作物的生长产生最直接的影响，缺少土壤水分会使作物根系生长缓慢，造成作物各器官无法供应足够的水分和养分，影响作物的正常生长发育，从而导致作物减产；而过多的土壤水分，使作物根系的呼吸作用不能正常进行，养分也随着过多的水分流失，影响作物的正常生长发育。土壤水分主要来源于灌溉水，也受到降雨、气温和湿度等因素的影响而变化。气象条件、土壤含水量、作物种类和栽培方式及作物所处生育期决定了作物耗水量。因此，在膜下滴灌的条件下通过研究辣椒各生育期间的需水量，了解辣椒在各生育期中最合适的水分供给，并达到节约水资源、提高产量的目的。研究膜下滴灌调亏下的土壤水分状况对发现辣椒生长发育期土壤水分的变化对辣椒的耗水特征具有非常重要的意义。

土壤水分是土壤主要组成物质，也是土壤肥力大小的一个重要环节。通过灌溉方式和技术的应用措施调节、控制和管理大田中土壤水分，使作物在最佳的生长状态下生长发育，可以有效促进作物的稳产高产。从土壤水分动态变化来说，在膜下滴灌条件下，对照组是所有处理中不同土层的土壤含水量最高的一组处理，在全生育期 0 ～ 10cm、10 ～ 30cm、30 ～ 50cm 和 50 ～ 70cm 的土层土壤含水量变动幅度分别是 18.8% ～ 23.4%、20.5% ～ 25.0%、20.3% ～ 29.1% 和 22.9% ～ 32.2%，这是因为全生育期进行充分灌溉使得土壤维持较高的含水量。辣椒的水分调亏程度越轻，土层的土壤含水量越大。各处理不同深度土壤含水量在全生育期的动态规律表现为 0 ～ 30cm 土层变化剧烈，30 ～ 70cm 土层变化趋势较小。因此可以认为膜下滴灌调亏对 0 ～ 30cm 的土壤水分影响显著，对 30cm 以下深度的土壤含水量基本无影响。由于辣椒根系主要在 0 ～ 30cm 的土层中生长，土壤含水量保持在辣椒高效率运用的范围，所以地膜覆盖和滴灌技术可以明显提高作物水分利用效率。辣椒在不同灌水上限条件下，耗水规律都表现为盛果期 > 开花坐果期 > 后果期。辣椒水分调亏全生育阶段的处理 T1、T2 和 T4 的耗水量比对照的耗水量均显著低 17.3%、25.7% 和 12.8%，水分调亏处理 T3 的全生育阶段的耗水量与对照相比降低 7.6%，无显著差异；全生育期中处理 T2 的耗水量是各处理中最少，比对照处理组少 25.6%，而各水分处理中，处理 T3 的耗水量最多，比处理 T1、T2 和 T4 显著高 11.7%、24.3% 和 6.0%。水分调亏程度显著影响各生育阶段的耗水量，并且在生育阶段水分调亏程度越大，辣椒消耗的水量减少的越明显。辣椒在生育期间进行水分调亏处理后，在下一个生育期间复水之后，因为作物的补偿作用耗水量明显增加。膜下滴灌调亏的条件下不同生育阶段耗水量，呈现出苗期至开花坐果期、开花坐果期至盛果期耗水量增大，盛果期至后果期耗水量减少。耗水量变化趋势由大到小排列为盛果期 > 后果期 > 开花坐果期 > 苗期。

四、辣椒产量及水分利用效率

辣椒生长发育过程中，随着生育期的推进耗水量随之快速增加，辣椒大田种植多使用大水漫灌等水分利用效率低下的灌溉方式，导致水分深层渗漏严重，土壤养分流失，加之辣椒作物本身对土壤水分要求较高，需要严格控制土壤水分，所以如何提高作物生育期内的水分利用效率就成了农业节水增产的关键。而发展高效节水的灌溉技术，对提高农业用水的水分利用效率和当地农业产业的发展都有非常重要的意义。

不同时期的水分调亏对作物的产量有着不同的影响，不合理的灌溉方式不但会导致水资源浪费而且影响作物产量。通过合理科学的水分调控，有效种植技术和手段，可以明显增加辣椒产量，从而提高辣椒水利用效率。苗期和盛果期是辣椒产量形成的重要时期，全生育期充分灌溉的对照组辣椒总产量最高，达到 36 685.3kg/hm^2。水分调亏处理的 T1、T2 和 T4 较对照组分别降低 20.6%、28.2% 和 11.9%，差异显著；而水分调亏处理 T3 较对照降低 5.0%，无显著差异，说明在苗期和后果期进行轻度水分调亏对辣椒产量无显著影响，而在苗期进行中度和重度水分调亏灌溉、盛果期和后果期进行轻度水分调亏对辣椒产量影响显著，并且水分调亏越严重，产量水平越低。膜下滴灌调亏可以有效减少辣椒生育期耗水量从而促进作物水分利用效率的提高。苗期和后果期调亏灌溉均能提高水分利用效率和灌溉水利用效率，苗期轻度水分调亏、后果期轻度水分调亏处理 T3 和苗期重度水分调亏、后果期轻度水分调亏处理 T4 的水分利用效率分别比对照显著提高了 2.8% 和 1.1%，而后果期调亏灌溉不利于提高水分利用效率和灌溉水利用效率。且苗期轻度水分调亏、后果期轻度水分调亏处理 T3 可在不显著降低产量的前提下提高水分利用效率（12.1kg/m^3）和灌溉水利用效率（13.3kg/m^3），与对照无显著差异。

第三节 辣椒苗期、苗期和盛果期或后果期水分亏缺研究

采用大田试验研究分析膜下滴灌调亏对辣椒不同生育期土壤温度、耗水特征及全生育期辣椒生长动态、果实品质、产量和水分利用效率的影响。依据辣椒不同生育阶段需水特性，将水分调亏程度设置为 3 个梯度，分别为轻度（65% ～ 75% 田间持水量）、中度（55% ～ 65% 田间持水量）和重度（45% ～ 55% 田间持水量）；全生育期设 6 个水分调亏处理和 1 个充分灌溉对照：C1（苗期轻度调亏）、C2（苗期中度调亏）、C3（苗期重度调亏）、C4（苗期轻度—结果盛期轻度调亏）、C5（苗期中度—结果盛期轻度调亏）、C6（苗期中度—结果末期轻度调亏）和充分灌溉（75% ～ 85%）的对照处理。

一、膜下浅层土壤温度变化

降雨和灌溉水只有转换成土壤水才能被植物吸收利用，因此土壤水分对陆地植物生长至关重要，其影响植物的蒸腾与光合作用。环境因子对农作物生长至关重要。气温直接影响土壤温度，土壤温度与作物长势大小及产量高低有密切联系，土壤温度变化引起土壤水分、土壤溶质和气体的运移，从而影响作物的最终产量。田间影响地温的因素很多，如气候、土壤水分和栽培方式等，但在作物不同的生长阶段影响地温的主导因素不同。辣椒根系大多分布在 0 ～ 30cm 范围内，研究膜下滴灌条件下浅层土壤温度的变化状况，对提高大田露天辣椒栽培经济效益具有重要意义。

辣椒苗期平均气温为 10.6℃，因此采取覆膜来提高辣椒根部浅层土壤温度，防止由于试验区苗期气温过低对辣椒生长产生不利影响。所以在夏季高温伏天，当温度超过 35℃时，结果盛期应该适当灌水，增加土壤热容量，降低土壤温度变幅。光照充足有利于辣椒生长，但暴晒又容易引起辣椒日烧病；光照不足，辣椒行间阴暗，易引起落花落果。全生育期内日照总时数为 989.6h，平均日照时数为 8.6h，结果盛期和苗期光照时数分别为 272.0h 和 278.0h。辣椒既不耐旱，也不耐涝，辣椒全生育期降水量为 149.5mm，其中降水主要集中在开花坐果期和结果末期，分别为 44.0mm 和 43.0mm，分别占全生育期总降水量的 29.4% 和 28.8%。因此在辣椒开花坐果期与结果盛期时应注意田间排水，避免田间积水，造成根系生长腐烂。

土壤温度是陆地与大气层相互作用中的关键物理量，可以通过影响地表能量和水分收支的变化来影响气候变化。浅层土壤温度的变动在还未传递到深层土壤前，可向大气中释放能量，深层土壤还可通过逐步释放能量影响浅层土壤。因此浅层土壤作为交界面，其温度对地 – 气间的热量输送非常关键。辣椒在大田起垄覆膜滴灌的条件下，地膜具有保温作用，能有效提高膜下浅层土壤温度。田间土壤温度受大气温度影响较大外，同时还受田间土壤含水率的影响也较大，通过滴灌灌水提高田间土壤含水率以增加土壤热容量，土壤热容重越高，土壤温度变化越慢，从而减小田间土壤日变化幅度，以提高浅层土壤温度。地膜覆盖与滴灌的结合能够有效缓解试验地低含水率、高温和昼夜温差大等对辣椒作物的伤害。膜下滴灌增温保墒效果显著，有效控制了土壤水热状况。苗期辣椒植株矮小、覆盖率低，此时地膜覆盖保墒和保温效果显著。结果盛期植株生长茂盛，覆盖率增高，此时地膜增温效果降低。由此可以得出地膜增温效果与土层深度和植株覆盖率均成反比。土壤温度波动变化与灌水次数、灌水量和气温有直接关系。通过加大大田灌水次数与灌水量可以显著降低浅层土壤温度，并且浅层土壤温度下降明显高于深层土壤。

不同覆膜耕作方式下土层越深，土壤温度变化波动越小，且温度变化出现滞后现象。膜下滴灌条件下，辣椒各生育阶段膜下 0 ～ 25cm 浅层土壤温度，受水分调亏影响显著，在苗期土壤水分越高，25cm 内的平均土壤温度越大，充分灌水的对照处理地温显著比苗期重度水分调亏高 2.1℃；在结果盛期土壤水分越高，25cm 内的平均土壤温度越低，充分灌水的对照处理比结果盛期轻度调亏低 2.3℃。这说明膜下滴灌在苗期气候温度较低时段可以保温，在结果盛期气候温度较高，可以通过灌水降低浅层土壤温度。各生育阶段辣椒膜下 25cm 土层平均土壤温度随水分调亏程度的增大而增大，气温峰值也随着土壤水分的增大依次滞后。因此，大田种植采用膜下滴灌的栽培方式可通过覆膜与灌溉有效调节辣椒根系土壤温度，从而促进和改善辣椒根系生长的水热环境。

二、辣椒生长动态的影响

植物是多器官的有机体，体内各个器官及不同部位之间不仅相互依赖，而且相互牵制。水分胁迫会直接影响植物内部结构和生理特性，并且通过外部形态表现出来，如株高降低、叶片数减小、叶面积减小、根冠比增大等。辣椒根系细弱，且分布较浅，土壤过于干旱或灌水太多都易造成根系生长不良。因此，将调亏灌溉节水技术与膜下滴灌措施相结合，重点研究膜下滴灌调亏对辣椒株高、茎粗、叶面积指数和叶日积等生长动态指标的影响，以确定调亏灌溉的最佳时期和最佳亏缺程度。

研究发现，苗期实施不同程度水分调亏对辣椒生长影响不同，苗期轻度水分调亏对辣椒生长动态指标影响不显著；苗期中度和重度水分调亏显著降低辣椒各生长动态指标。这是因为苗期进行重度水分调亏使得苗期辣椒营养生长水分得不到满足，破坏了辣椒体内生理生化反应，在后期复水后也无法恢复，影响了辣椒后期生物量的产生。苗期中度调亏可显著提高辣椒收获指数。结果盛期轻度调亏对辣椒株高和茎粗影响不显著，但提高了叶面积指数，这是因为结果盛期是以生殖生长为主，轻度调亏对生物量的积累无显著差异。结果末期轻度调亏不影响辣椒生物量，因为结果末期辣椒以生殖生长为主，此时辣椒营养物质主要供给辣椒青果的生长，所以结果末期轻度水分调亏对辣椒生物量积累无显著差异。水分胁迫程度越大，动态生长指标下降越明显。苗期和开花坐果期实施水分调亏，后期复水后，由于辣椒的补偿生长效益，辣椒株高、茎粗和叶面积等营养指标快速生长，后期生长较快，与对照处理无显著差异。对照处理的株高、茎粗、叶面积指数和叶日积在全生育期始终高于其他处理。后期复水，辣椒产生补偿生长效应，苗期轻度和中度水分调亏处理的辣椒株高和叶面积指数与对照处理无显著差异。收获指数的高低反映了辣椒光合产物的积累与分配是否合理的一种标志。苗期中度水分调亏显著提高辣椒收获指数。其余水分调亏处理对辣椒收获指数也有一定的促进作用，与对照相比无显著影响。

三、耗水特征和根系生长影响

确定灌溉制度的参考依据为作物全生育期耗水总量和各个生育期耗水量，作物耗水量因作物生长环境和自身生长情况而变化。气候因素、作物品种、灌溉方式和种植方式的不同均可引起作物耗水量在时空分布的变化。大田覆膜起到保温作用，同时减少棵间及土壤水分的无效蒸发，以此来减少作物的耗水量。水分调亏灌溉是一种有效的田间水分管理办法，恰当的水分调亏可节约农田灌水，促进作物生长，提高农田水分利用率。辣椒在生长过程中对土壤水分极为敏感，灌水过多或土壤环境较为干旱均可影响其水分利用率和产量。因此，掌握辣椒在不同时期的耗水量，制定节水高效高产的灌溉制度，提高农业水资源利用率，是当下农业发展的必然选择。

通过膜下滴灌调亏灌溉试验，研究分析辣椒各营养生长指标，得出以下结论：水分调亏可以不同程度地降低辣椒全生育期耗水量，辣椒需水量最大的生育期是结果盛期，其次是结果末期，需水量最小的生育期是苗期。水分调亏均会显著降低辣椒根长、根重、侧根数和根体积。其中苗期调亏对其根系生长影响最显著，并且降低程度随水分调亏程度的加剧而增加。从总体来看，辣椒全生育期耗水量与辣椒根长的关系呈二次函数关系。

研究作物耗水规律是制定高效节水灌溉制度的基础，作物需水量的大小及其变化规律，取决于很多因素，如作物品种、气象条件、耕作种植方式和土壤性质等，但每种作物又有其大致的耗水规律和耗水量范围。辣椒全生育期总耗水量主要集中在结果盛期，而苗期相对较少。膜下滴灌辣椒自苗期至结果末期全生育期耗水量、耗水强度与耗水模数总体均呈“上升—上升—下降”的变化趋势。苗期气温低，辣椒植株小，光热不充足，所以耗水量低，仅为 35.28 ～ 45.32mm，占全生育期耗水量的 14.8% ～ 16.7%。结果盛期耗水量占全生育期耗水量 34.0% ～ 36.6%，结果盛期实施轻度水分调亏 C4 和 C5 处理耗水量低于对照，分别显著降低 15.76% 和 19.80%；结果末期耗水量占全生育期耗水量 25.29% ～ 27.28%，C6 处理与 C2 处理耗水量处于同一水平，说明结果末期实施轻度水分调亏对辣椒耗水量影响不显著，因此辣椒苗期耗水量随水分调亏程度增加而减小。在结果盛期进行轻度水分调亏，将会减小结果盛期的耗水量，在结果末期进行轻度水分调亏，对耗水量影响不显著。

作物体内养分的吸收、合成和运输与作物根系生长发育有直接关系，进而影响植株的外在形态状况，发达的根系为植株大量吸收养分奠定了良好基础。根系的外在形态可以反映根系功能的强弱，根系形态越大，其吸收养分和水分越多，为高产奠定良好基础。根系生长在土壤中，最先感受到土壤水分胁迫，根系特征可以作为抗旱性鉴定的指标。水分调亏处理下，根长、根体积和侧根数的增加，有利于根系吸收土壤中的水分与养分。充分灌溉下的根长与根重在全生育期始终高于其他水分调亏处理，苗期重度水分调亏下的根长与根重在全生育期显著低于其他处理，通过促进植株体内的水分循环与光合作用，促使其根部生物量快速积累。苗期根部对水分需求敏感，在苗期进行重度水分调亏，严重影响辣椒根部生长，使辣椒植株根部生长受到破坏。

四、辣椒品质

辣椒种植中品质好坏与产量的高低是农户最关心的问题，品质与产量提高将带来更高的经济收益。辣椒在苗期需水量小，后期进入夏季以后，温度越来越高，伴随坐果实的成熟，需水量随之增大。大水漫灌与沟灌 2 种灌溉极为浪费水资源，而且还导致产量下降，品质降低。随着人们消费水平的提高，人们逐渐把关注的焦点从数量转移到质量，蔬菜绿色安全越来越受到重视。所以如何在既能提高辣椒产量的同时又能保证其品质，降低投入，提高经济效益已经成为人们关注的重点。研究水分调亏对辣椒青果外在品质与营养价值的影响，以期为辣椒绿色生产、保护环境、节约用水的合理栽培提供理论依据。

不同水分调亏处理对辣椒外观品质（果长、果肩宽、果肉厚和单果重）的影响不同。苗期轻度和中度水分调亏下辣椒果长和果肩宽与充分灌溉无显著差异。在第一次收获的辣椒青果中，苗期轻度与中度 2 个水分调亏处理比充分灌溉显著提高辣椒果肉厚度 6.7% 和 3.4%；而苗期重度水分调亏处理下辣椒果长、果肩宽和果肉厚均显著低于对照，这是因为苗期重度水分调亏严重破坏了辣椒植株体内的生理生化反应，在开花坐果期复水也无法恢复，导致辣椒植株生长缓慢。结果盛期轻度水分调亏对第二次和第三次收获的青果果长与果肩宽影响不显著，但降低了这两次收获的辣椒果肉厚。在结果末期进行轻度水分调亏对第三次收获的辣椒果长影响不显著，但降低了第三次收获的青果果肩宽和果肉厚。苗期中度与重度水分调亏显著提高了辣椒单果重，但结果盛期与结果末期轻度水分调亏均会降低辣椒单果重。随灌水量减少，辣椒做出抗性生理反应，此时辣椒果实中可溶性糖和维生素 C 含量也随着增加。为了应对水分胁迫，可溶性糖含量的提升不仅为作物生长发育提供能量，而且通过调节激素来调节作物适应外界环境的变化。土壤水分较低时有助于提高果实品质，从辣椒青果营养指标来看，苗期轻度、中度水分调亏和结果末期轻度水分调亏，对青果中维生素 C 和可溶性蛋白含量等营养指标影响不显著，但结果盛期轻度水分调亏可以显著提高青果中各营养指标的含量。

从维生素 C 含量来看，苗期不同程度水分调亏和结果末期水分调亏对辣椒维生素C含量无显著影响，但在结果盛期轻度水分调亏可显著提高第二次采收的青果中维生素C含量，与对照相比，可提高7.8%～9.13%；从可溶性糖含量来看，苗期轻度和中度水分调亏对可溶性糖含量影响不显著，但结果盛期轻度水分调亏会显著提高第二次采摘的青果中可溶性糖含量，与对照相比可提高9.80%～10.61%。

五、辣椒产量、水分利用效率及经济效益

土壤水分状况直接关系作物产量的高低，产量是农业生产最终的物质反映，同时也是评价灌溉制度优劣的依据。作物产量与耗水量是确定作物水分利用效率的决定因素，大量研究证明，节水灌溉与提高产量并不矛盾。产量的提高，意味着经济效益的提高。为了追求辣椒高产，如果盲目地进行大量灌溉与施肥，不能带来高产的同时，反而降低了经济效益。对于辣椒这样的经济作物，在保障产量不降低的同时，提高其经济效益才是农户最关心的问题。因此，制定合理的灌溉制度和高效的种植栽培技术是农业发展的必然趋势。

辣椒苗期中度和后果期轻度水分调亏可以得到最大水分利用效率[140.97kg/（mm·hm^2）]，相比对照显著提高12.10%；苗期轻度水分调亏处理下的辣椒青果产量是所有水分调亏处理中产量最高，为36 107.61kg/hm^2，经济效益也是苗期轻度水分调亏处理的最高；辣椒青果产量与其营养品质整体呈负相关，随辣椒青果产量的提高，营养品质下降。

辣椒青果产量在不同水分调亏处理下均有显著差异，膜下滴灌调亏辣椒青果产量会随着耗水量在一定范围内增加，但达到一定的耗水量后，辣椒产量随耗水量的增加而减小。大量试验研究发现，作物产量大小与其全生育期总耗水量关系基本相一致，即作物达到产量最大值后继续增加灌水是一种浪费。辣椒苗期轻度水分调亏处理下的辣椒总产量最高，辣椒苗期中度和结果后期轻度水分调亏处理下水分利用效率最高。辣椒产量的高低和品质的好坏决定了辣椒最终的经济效益。各水分处理下的辣椒经济效益以苗期轻度水分调亏处理下的最高，比对照处理显著提高10.23%。苗期中度和结果盛期轻度水分调亏处理的经济效益最低，比对照显著降低11.17%。

第十一章　辣椒不同灌溉方式比较

节水农业是指在农业生产过程中，利用各种措施和技术，节约用水和高效用水，持续稳产高产高效的一种现代农业体系，它是农业的一种类型，重点研究如何按照节水的要求规划、建设和管理农业。无论是灌区的非充分灌溉还是旱地的有限灌溉，都是节水高产高效农业，发展新的技术来共同提高植物灌溉量、植物有效利用量和经济产量，只有这样，才是真正的节水农业。节水农业一般包括以下内容：节水灌溉工程技术，包括改进的沟畦灌溉（如在土渠表面进行防渗方式）、膜上灌、地面移动软管灌溉、波涌灌、膜下灌、渠道防渗、低压管道输水灌溉、喷灌、微灌等多种形式；旱作农业节水技术，包括坡地改梯田等高耕作、地膜覆盖、秸秆覆盖、耕作保墒、采用抗旱品种、种子包衣、施用抗旱剂、坐水种（也叫抗旱点种）等；水资源开发与优化利用技术，如雨水集流、劣质水的利用、井渠结合、储水灌溉等；管理措施和管理技术包括用水管理、工程设施管理及农艺管理等方面，如优化灌溉制度，制定适合不同自然条件和社会经济条件的农业节水政策，制定完善有利于发展的政策法规，建立健全节水管理和节水技术的推广服务体系，设备的正确安装、运行、操作条例和灌区的施肥规定等。农业节水灌溉包括生物节水、农艺节水和旱作农业节水等。它以水为核心，研究如何高效利用农业水资源，保障农业可持续发展，农业节水的最终目标是建设节水高效农业。灌溉用水从水源到田间，再到被作物吸收和形成产量，主要包括水资源调配、输配水、田间灌水和作物吸收等 4 个环节。在各个环节采取相应的节水措施，组成一个完整的节水灌溉技术体系，包括水资源优化调配技术、节水灌溉工程技术、农艺及生物节水技术和节水管理技术。其中节水灌溉工程技术是该技术体系的核心，已相对成熟并得到普及。

合理的灌溉制度是作物高产节水的有力保障，如灌水太少，不能使产量潜力最大限度发挥；灌水太多或不及时，不仅造成水资源极大浪费，产量和品质也会有所下降。目前，许多地区已采用先进的灌水技术，如微喷和滴灌等，但在实际栽培中，水分管理缺乏科学的量化指标，主要是丰水高产型的经验灌溉，灌水量过大，无效蒸腾增加，不但造成水分浪费，而且会引起空气湿度增大，病害大量发生，没有达到水分优化管理及提高水分利用率的目的。关于辣椒灌溉指标的研究，灌水定额是根据灌至土壤田间持水量来计算。随着设施农业的发展以及对田间节水重要性认识的提高，在设施栽培条件下进行节水灌溉、提高水分利用效率、优化水肥管理，是当前实施节水农业、发挥设施农业“两高一优”亟待解决的问题。研究渗灌、滴灌及沟灌等不同灌溉方式下的水分效应以及膜下滴灌和畦灌下灌溉量的响应，通过对其形态指标、生理指标、生长发育动态、产量、品质及水分利用效率等问题的研究，确定适宜的节水高效灌溉量化指标，实现水分的优化管理。

第一节　辣椒渗灌、滴灌及沟灌比较

在日光温室中对辣椒进行试验，运用渗灌、滴灌和沟灌 3 种灌溉方式进行全面系统的分析研究。将沟灌、滴灌灌水计划湿润层设定为 0 ～ 40cm，计划湿润层湿润比为 1.0，设定土壤含水量为田间持水量的 75%～ 90%，通过测定辣椒不同时期灌水量、辣椒日灌水量等指标；土壤温度、土壤水分的剖面分布、土壤含水量等土壤指标；辣椒的株高、茎粗、果长、果径和产量等生物学及品质指标；灌水量和灌溉水利用效率等灌溉经济效益指标研究。

一、产量差别

采用渗灌、滴灌和沟灌 3 种灌溉方式对辣椒进行灌水，因为每种灌溉方法水分湿润的土体范围不同，且水分进入土体后的运移方式不同，对植株根系附近土壤的微环境造成不同程度的改变，进而对植株的生长产生不同影响，必然导致 3 种灌溉方式下辣椒产量上的差异。研究表明，3 种灌水方式中，渗灌的产量最高，其次是滴灌，而沟灌最低，其总产量值依次为渗灌 36 561.688kg/hm^2、滴灌为 33 548.701kg/hm^2、沟灌为 27 522.727kg/hm^2。

关于不同灌溉方法对辣椒不同采收期内成熟状况的影响研究，从前、中、后3个采收期阶段采收量上看，在采收前期，渗灌的采收量最大，滴灌略大于沟灌；到采收中期，3种灌水方式的采收量大小顺序与前期保持一致，但滴灌与渗灌间的差距已明显减少，二者均显著大于沟灌；在采收后期，沟灌方式的采收量最大，渗灌次之，滴灌最小。从各灌水方式3个阶段的采收量占各自总采收量情况看。在采收前期，渗灌所占总量的比例为三者中最大，其次为沟灌，以滴灌最小；在采收中期，以滴灌最大，渗灌次之，沟灌最小；在采收后期，3种灌水方式中沟灌所占的比例最大，滴灌最小，渗灌居中。因此，滴灌在前期的采收量略大于沟灌，但所占总量的比例小于沟灌，沟灌后期的采收量占总量的比例明显大于滴灌，说明滴灌较沟灌具有明显的增产效果，且能更好地促进辣椒早熟。渗灌在总量和前、中期所占总量的比值上均大于沟灌，说明在增产和促进早熟方面较沟灌更优。滴灌和渗灌相比，在采收总量上渗灌高于滴灌，而采收前、中两期占总量的比例要小于滴灌，表明渗灌在增产效果上优于滴灌，但在促进辣椒果实早熟方面仍不及滴灌。

二、灌水量大小

1. 灌水总量的变化情况

渗灌、滴灌和沟灌3种灌溉方法虽然最初起始灌水量基本相同，但由于灌水入渗后的损耗方式、途径以及损耗量不同，在灌水频率及单次灌水量上均会出现一定程度的变化，造成辣椒全生育期内总灌水量的差异。

3种灌溉方式下，沟灌的耗水量最大，滴灌次之，渗灌最小，其总灌水量依次为沟灌2 813.571m^3/hm^2，滴灌2 407.208m^3/hm^2，渗灌2 276.299m^3/hm^2。因此，渗灌和滴灌相对于沟灌能更好地节约灌溉水，渗灌较滴灌又有显著的节水效果。

2. 累积灌水量和日平均灌水量

由于小区试验施肥及其他田间管理相同，而灌水方法、灌水后湿润的部位及水分进入土壤后的运移方向不同，导致灌溉水的损耗方式不同，以致3种灌水方式的灌水量各异。

沟灌的日灌水量最大值明显大于滴灌和渗灌的日灌水量最大值，滴灌与渗灌的日耗水量最大值接近，滴灌略高于渗灌。沟灌和渗灌方式的日灌水量最大值均出现在移栽后的第70天左右，滴灌的这一最大值则出现在移栽后60d。沟灌的日灌水量始终明显大于渗灌，在移栽后20d之前也一直大于滴灌，但移栽后20～50d则低于滴灌方式；这是由于滴灌方式在促进辣椒果实早熟方面较沟灌和渗灌略有优势，提早进入盛果期，所以在移栽后20～50d植株的需水量增大，导致其日平均灌水量略大于沟灌，日平均灌水量的最大值出现时间也较沟灌和渗灌早。在移栽70d之后，渗灌方式的日平均灌水量大于滴灌，是由于滴灌此时已逐渐进入采收后期，植株需水量开始减少，而渗灌减少不明显所致。综合分析可以看出，滴灌和渗灌比沟灌具有明显的节水效果。滴灌和渗灌日耗水量在移栽后交错上升，总体比较，渗灌节水效果滴灌略好。

因此，综合比较产量和灌水量的变化可以得出，在试验条件相同的情况下，渗灌和滴灌相对于沟灌在保持节水的情况下能够很好地提高辣椒的产量，渗灌优势比滴灌更为明显。

3. 一个灌水周期内水分土壤剖面含量的变化

对3种灌溉方式各层次土壤含水量进行分析如下：在20cm土层上，渗灌方式在灌水前后变化较小，说明渗灌土壤表层水分蒸发强度小，对于保持地面干燥，减小温室湿度以及降低病虫害都具有良好的效果。沟灌方式虽然每次灌水量较大，但强烈的蒸发使水分迅速大量散失掉，因此在灌水3d后其各层次中水分的下降速度明显快于滴灌和渗灌，有大量水分通过下渗运动流到较深层次，表层土壤马上恢复到缺水状态，而且表层土壤水分的高度蒸发既不利于水分的高效利用，还会造成保护地内空气高湿度条件而诱发病虫为害，影响植株的生长，进而影响作物产量。滴灌方式每次的平均灌水量较沟灌方式少，但由于湿润土体内的通气孔隙和毛管孔隙仍贯通于地表，水分直接由地表滴入，因此其蒸发强度较渗灌仍较大。20～40cm土层上，3种灌溉方式之间虽然在水分含量上有差异，但总的变化趋势是大体一致。只是在灌水后，滴灌和沟灌方式水分减小的速率比渗灌快，沟灌又较滴灌快，说明在渗灌和滴灌方式下水分进入土层后在土体内流动范围较沟灌小，能够有效地将水分控制在土体中供作物生理所需。在 50cm 的土层上，渗灌方式在灌水前后几乎没有变化，滴灌方式的变化范围也较小，均能有效地控制水分向深层渗漏。沟灌在灌水后该层次的土壤含水量变化范围较大，说明沟灌这一灌水量条件下会造成 50cm 以下的深层渗漏，造成水分的浪费。

4. 一定生育期内根层土壤水分含量变化

由于灌溉方式不同，灌水后土壤剖面水分状况各异，对作物的生长发育产生很大影响。沟灌方式下的土壤表面蒸发量很大，毛细孔隙与地表连通，水分损耗量较其他两种灌水方式大，因此在整个灌水过程中其每次的灌水量均较大，在如此剧烈的干湿交替环境下，植株根层土壤各层次间的水分含量均变化较大，即使是深层土层仍表现出很强的干湿交替性，且各层变化无固定的规律性。滴灌虽然每次灌水后地表也有一定量的水分蒸发，但相对沟灌来说要少得多，地表相对干燥，水分的运移方式也较沟灌固定，所以深层次的两个土层土壤水分含量变化呈现相同的变化规律。渗灌灌水方式下 20 ～ 40cm 土层的水分含量变化趋势几乎一致，30cm 的水分含量显著大于 20cm 的水分含量，这是因为渗灌管埋深为 30cm，水分灌入土壤后主要靠重力作用向下运动，而靠毛管力上升的水量有限，并且在渗灌管下埋有防渗槽，所以大量水分可以长时间地停滞在 30cm 土层；由于渗灌的地表蒸发量很小，因此深层土壤的水分含量受地表蒸发的影响有限，这使得渗灌方式下 50cm 土层的水分含量保持长期的稳定性。

灌溉方式及技术不同对土壤水分调控效果不同，由灌溉方式不同所造成的土壤水分含量状况也不同。在 40cm 土层以上的各层次上，渗灌与沟灌方式的水分变化趋势较为接近，但渗灌在各层次上均高于沟灌，这说明渗灌能更好地将水分有效地保留在耕作层土壤当中，对于提高水分利用率，减少水分流失，节约水资源均具有良好的效果；滴灌方式可能是由于其独特的灌水方式，使土体湿润状况较为均匀，因此水分含量相对稳定，规律性异于其他两种灌水方式。在 50cm 土层上，由于受地表蒸发，温室温度和作物吸收利用影响较小，所以 3 种灌水方式大体上均表现出较为稳定的趋势。

三、温室内湿度及土壤温度变化

1. 日光温室内湿度影响

温度是促进作物生长的主要因素，空气湿度影响植物蒸腾以及植物组织中水分平衡的变化，如果温度适宜，空气中的湿度低，叶面与大气之间的水势梯度越大，导致水汽扩散速率增大，则植物蒸腾旺盛，吸水较多，植物对养分的吸收也多，生长加快。所以在一定程度上，空气湿度小些对植物是有利的。相反，如果温室内的湿度较大，空气中水分达到饱和，对作物生长发育、光合作用、产量和品质等均产生不利影响。此外，也为病虫害提供滋生和发展条件。湿度过低可能导致干旱，特别是高温低湿，影响更加严重，轻者减产，重者萎蔫死亡。

3 种灌溉方式中渗灌的湿度最小，沟灌大于滴灌。由于渗灌管是埋入地下，靠土壤毛管力和作物的根系吸水，使地面以下的水分运移到作物根部，供给作物水分，很大程度上减少了蒸发损失，因而空气中的湿度较小。滴灌属于地面灌溉，灌溉水直接作用在作物的根部，而且出流量小，所以作物可以很容易吸收水分，使作物吸收水分的速度大于作物蒸腾的速度，减少了蒸发量，使空气中的湿度降低。沟灌也属于地面灌溉，而且一次灌水量较大，蒸发量和蒸发速度也很大，所以空气湿度较其他两种灌溉方式湿度大，很大程度上增加了作物病虫害的概率。

2. 各土层温度变化

土壤温度是土壤肥力因素之一，是生物体赖以生存和繁衍的基础，对作物根系生长发育和微生物的生命活动有很大影响。同时，植物的蒸腾作用也直接或间接地受地温度的影响，低温能明显地抑制植物对水分和矿质养分的吸收。

3 种灌水方式在 5cm 土层的土壤温度变化趋势大致相同，且波动幅度均比较大，在数值上，渗灌 > 滴灌 > 沟灌。3 种灌水方式在 15cm 层次上的土壤地温变化规律与表层土壤几乎相同。在 15cm 以下 3 种层次在不同的灌水方式下均表现出较为平稳的趋势，说明在日光温室内使用不同灌溉方式，15cm 表层以下土壤地温基本不受温室温度的影响，灌溉水分没有引起地温的剧烈波动，地温较为恒定。在滴灌方式下，35cm 的土壤温度在数值上显著高出其他层次。不同灌水方式上层土壤温度高于下层，且下层土壤温度并不受温室气温的影响。因为外界气温的变化可直接影响到上层土壤，热量经上层土壤吸收后，传至下层热量减少，并且热量向下传递也需要一定的时间，因此随着土层加深土壤温度渐低，下层土壤温度表现出较好的稳定性。

在不同灌水方式间相同土层地温变化状况方面，除 35cm 土层外，渗灌方式的土壤温度均为最高，且增温效果显著。沟灌的表层土壤含水量大，土壤颜色深、热容量大，所截获的太阳辐射热也多，向下传导的热量相对来说就少。渗灌表层土壤长期处于干燥状态下，热容量小，升温快，向下传导热量多而快，这对于提高根系区域土壤温度，提高根系活性，促进作物增长都具有良好优势。滴灌方式处于二者之间，但更偏向于渗灌。滴灌和沟灌各土层地温相对渗灌有明显降低，而滴灌方式地温又高于沟灌。因此，渗灌在提高耕层土壤温度方面较滴灌和沟灌具有明显的优势。滴灌与沟灌相比积温略高于沟灌，但差异不大。

四、生物性状和生理指标

1. 株高和茎粗的影响

植株的生长动态是由作物自身遗传特性决定的，在正常情况下，其生长呈“S”形增长曲线。辣椒定植后，为单纯比较 3 种灌水方式辣椒的生长状况差异，所以对株高和茎粗进行分析。

在不同灌溉方式对植株株高影响研究方面，植株在移植后前 23d 左右，3 种灌溉方式下的植株株高没有明显不同，主要是由于在此之前尚未进行灌水方式，3 种灌水方式土壤中的水分状况大致相同，且这一时期植株较小，生理需水量较小,3 种灌水方式土壤中原有的水量已基本能满足作物对水分的需求，所以对植株的幼苗长势不会造成差异性影响。植株移栽 23d 后，此时土壤含水量已低于 75%（即控制下限），此时随植株的增长，土壤中原有的水分已不足以满足植株生长所需，急需补充灌溉水。因为不同灌溉方式下灌溉水进入土壤后的运移和损耗方式亦不相同，所以对土壤的性质以及植物生理的影响也不同，植株的株高表现出一定差异性。71d 之前，滴灌的株高始终要高于渗灌和沟灌的株高，沟灌高于渗灌。待75d左右，沟灌和滴灌的株高接近，沟灌有超过滴灌的趋势，仍均高于渗灌。造成以上差异的原因是由于灌水初期滴灌方式土壤中水分较充足，且水分环境较适宜作物生长，使植株体生长较快；渗灌方式由于土壤中的水分从30cm处的渗灌管渗出，主要以重力作用向下运动，使表层土壤较为干燥，作物根系要不断向深层生长才能吸收足够的水分供植株生长，因而前期地上部分生长缓慢，待完成扎根后，植株开始稳步增长；沟灌方式由于起初的灌水量与滴灌相似，但由于每次灌水后，水分的蒸发及下渗损失较大，因此在前期表现出生长状况不及滴灌方式，在多次灌水后，土壤微环境发生变化，总灌水量及单次灌水量较滴灌也较大，在长期的大水量处理情况下，致使作物植株发生一定程度的徒长，因此在后期表现出沟灌株高逐渐超过滴灌的现象。

3种灌溉方式下辣椒植株茎粗的生长状况研究方面，在进行灌水之前，3种灌水方式辣椒的茎粗生长情况与株高表现出相同趋势，植株茎粗没有明显差异，长势大致相同。植株在移植后的23d左右，水分处理开始，此时各小区的植株茎粗在生长过程中逐渐表现出各自的特点。滴灌方式下的植株茎粗较其他两种灌水方式从初始就表现出优势。渗灌下的植株茎粗开始与沟灌相近，但随着生长时间的延长，植株根系向深层生长且生长状况良好，根系是作物运输水分和养分的主要器官，因此随茎粗的进一步生长，已超过沟灌，且在后期与滴灌相同。沟灌方式下的植株茎粗虽然前期与渗灌相似，但由于初期土壤表层水分过多，使植株根系生长较浅，供水及养分的能力不及渗灌方式，因此随生育期的延长，茎粗不及渗灌方式。

综合株高和茎粗可以看出，滴灌方式由于水分的运移状况及土壤微环境较适宜，且根系生长状况也优于沟灌，使植株生长状况良好；渗灌方式在促进前期植株扎根方面具有较好的效果，因此也能保证植株的正常生长；而沟灌方式由于长时间的大水灌溉，并且伴随较大的蒸发，使土壤水分状况及土壤微环境不适于作物生长，因此影响作物茎粗的正常增长，容易造成植株徒长。由于根系的主作用是运输水分和养分，对植株的生长起至关重要的作用，因此必然对作物的最终产量产生一定程度的影响。

2. 叶片生理指标

叶片叶绿素含量的消长规律是反映叶片生理活性的重要指标之一，与叶片光合能力大小具有密切关系，其含量的多少影响光能的吸收和转换，随着叶片的衰老，组织老化，使其捕获光能和转化成化学能的能力均减弱。一定范围内叶绿素含量的高低直接影响叶片的光合作用能力，较合理的叶绿素a/b值可防止叶片内光能过剩诱导的自由基的产生和色素分子的光氧化。辣椒叶片中叶绿素总量在整个生育期中表现为先增后减，大约在移栽后60d时出现最大值。从总体趋势看，3种灌溉方式对叶片中叶绿素总量的影响表现为渗灌>滴灌>沟灌。

叶片光合速率是决定产量重要因素之一。植物的光合作用经常受到外界环境条件和内部因素的影响而发生变化。水是光合作用的原料之一，没有水，光合作用无法进行。但是，用于光合作用的水只占蒸腾失水的1%，因此，缺水影响光合作用主要是间接原因。水分过多对光合影响是因为土壤水分过多，通气状况不良，根系活力下降，间接影响光合作用。光合速率不仅与土壤瞬时含水量有关，而且是在长时间对作物影响结果总的表现。研究了3种灌溉方式对辣椒在5个生育期光合作用的影响。结果表明，在辣椒移栽初期和生育后期（移栽100d），各灌水方式间光合速率差异较小，而中间3个时期，均明显表现出渗灌>滴灌>沟灌。从整个生育期看，辣椒叶片光合速率在生育中期出现最高值。从提高光合速率和节水两方面考虑，渗灌方式最适宜。

3. 叶片蒸腾速率

蒸腾作用是运输矿物质的动力，也是植株生物失水的主要作用，不仅与自身的水分状态和气孔行为有关，而且受诸多环境因素影响。其中土壤条件是其主要的影响因素之一。植物地上蒸腾与根系的吸水有密切关系。因此，凡是影响根系吸水的各种土壤条件，如土温、土壤通气和土壤溶液浓度等，均可间接影响蒸腾作用。比较3种灌溉方式辣椒不同时期蒸腾速率，从中可以看出，生育前期3种灌溉方式下的辣椒叶片蒸腾速率差异不明显，而中后期渗灌和滴灌的蒸腾速率明显高于沟灌方式，二者无明显差异。与叶绿素和光合速率相似，蒸腾速率也是在生育中期表现出最大值。沟灌降低蒸腾速率的同时也降低光合速率，可能是由其长势所决定；滴灌的影响介于沟灌与渗灌之间；渗灌没有明显降低蒸腾速率，但同时却提高了光合速率，也就是说，同等光合产物情况下，减小水分消耗达到节水的目的。

五、灌水利用效率

对3种灌水方式的灌水次数、单次灌水量、辣椒的实际产量和全生育期灌水量进行统计，发现渗灌和滴灌在节约灌溉用水的前提下，也能获得较高产量，即能够提高灌溉水的利用效率。渗灌与滴灌相比，渗灌节水效果和灌溉水利用效率均优于滴灌。在灌水次数上，渗灌和滴灌少于沟灌；从提高劳动生产率的角度考虑，在其他条件相同的情况下，沟灌用于单位面积保护地辣椒栽培生产的劳动量要大于渗灌和滴灌。此外，通过调整土壤体积含水上限和下限等灌水技术以降低滴灌和渗灌的单次灌水量，可能会更大程度地提高两者的水分利用效率。

第二节　辣椒膜下滴灌及畦灌比较

采取膜下滴灌与畦灌两种灌溉方式，设定20m^3/亩、25m^3/亩、30m^3/亩、35m^3/亩、40m^3/亩和45m^3/亩共6种灌水定额，播种水70m^3/亩，整个生育期灌水量依次为170m^3/亩、195m^3/亩、220m^3/亩、245m^3/亩、270m^3/亩和295m^3/亩。根据辣椒生育期设定其灌水次数为5次，两周灌1次，处理两次后开始动态测定株高、茎粗、地上部鲜重与干重、产量和土壤水分等生长指标及丙二醛、脯氨酸、可溶性糖、可溶性蛋白、超氧化物歧化酶和过氧化物酶等生理相关指标，在每次灌水处理前取样。

一、土壤含水量

不管是在滴灌还是畦灌条件下，土壤含水量与灌水定额之间并不是完全对应关系。在膜下滴灌条件下，30m^3/亩处理在辣椒植株坐果期土壤含水量明显低于其他各处理，但其长势和产量却优于其他处理，这可能是该小区的植株生长旺盛，需水量相应较多，再加上灌水定额适中，土壤中氧气充足，加强了根系的代谢活动，吸水量也会加大；而在畦灌条件下，25m^3/ 亩处理的土壤含水量相对较高，在生长发育后期基本接近 45m^3/ 亩土壤含水量，但其长势和产量却比其他处理好，说明短期轻度水分亏缺反而促进植株生长。畦灌条件下 40m^3/ 亩和 45m^3/ 亩土壤含水量高，但植株干物质积累低，说明过多的水分会引起水淹胁迫，导致作物缺氧，阻碍地上部正常生长。膜下滴灌及畦灌两种灌溉方式土壤含水量后期走势基本相同，说明辣椒在开花结果期需水量比前期要大很多，所以在该期可以相对加大灌水量。

二、生长量指标

6 个灌水定额范围内对辣椒植株株高和茎粗影响不大；随着辣椒生育期的推进，辣椒地上部干重也是逐渐增加的，前期较缓慢，就长势最好的 30m^3/ 亩灌溉而言，在苗期 45d 内干物质积累量增加 34.54g，而在开花坐果仅 14d 其干物质积累量就增加了 27.43%，说明植株在生殖生长时地上部干物质积累比营养生长时快很多。灌水量对畦灌条件下辣椒植株株高和茎粗的影响较滴灌更明显。畦灌条件下灌水量大的 40m^3/ 亩和 45m^3/ 亩处理辣椒植株株高和茎粗反而低于长势较好的 25m^3/ 亩灌溉处理，即水分胁迫程度越大，幼苗生长越缓慢。同时还发现茎粗比株高停止生长的时间要晚 15d 左右，说明辣椒植株在生育期是先进行伸长增长再进行增粗增长。地上部干重以 25m^3/ 亩表现较好，且在后期的干物质积累量显著高于其他各处理，仅 14d 就增加了 56.69g。

滴灌条件下灌水量最小的 20m^3/ 亩处理辣椒亩产量显著低于其他处理，原因可能是在滴灌条件下其本身出水速度和出水量小，灌水量又太小使得植株没有得到充足的水分供应，所以造成其产量的减少。水量较大的 40m^3/ 亩和 45m^3/ 亩处理辣椒亩产量相较产量最高的 30m^3/ 亩处理明显偏低，与畦灌条件下辣椒亩产量表现相同。畦灌条件下 40m^3/ 亩和 45m^3/ 亩灌溉处理辣椒植株长势、干物质积累量及产量明显偏低且均低于滴灌条件下相同灌水量的各项指标，原因可能是畦灌灌水方式比较粗放，对于畦灌来说，40m^3/ 亩和 45m^3/ 亩灌溉处理的灌水量太大，水分入渗速度较慢，造成表面积水使辣椒植株根系长期浸泡于水中，处于水淹状态，造成辣椒叶片在灌水量大的情况下生长与产量反而会下降；而膜下滴灌出水量小、渗透快，表面不会积水，不会对辣椒根系造成伤害。因此，灌水过多会影响根系的呼吸生长，进而影响产量。

三、生理指标

丙二醛作为膜脂过氧化的主要产物之一，是一种有毒物质，可引起细胞膜功能紊乱，且对许多功能分子有破坏作用，因此丙二醛含量的增加是植物细胞受损的直接原因。丙二醛浓度与植物抗旱性密切相关，丙二醛大量增加时，表明体内细胞受到较严重的破坏。因为丙二醛是膜脂过氧化作用的产物之一，其含量的高低代表膜脂过氧化的程度，即丙二醛含量越高，膜脂过氧化程度越严重，膜透性越大。在滴灌条件下，20m^3/ 亩处理辣椒叶片丙二醛含量始终高于生长较好、产量较高的 30m^3/ 亩和其他处理，说明在 20m^3/ 亩灌水定额下辣椒受到了干旱胁迫，叶片的膜脂过氧化过程加快。在畦灌条件下，除了灌水量较小的 20m^3/ 亩外，灌水定额较大的 40m^3/ 亩和 45m^3/ 亩处理下辣椒叶片的丙二醛含量也较高，原因可能是水量过大对根系造成伤害，从而形成水淹。水分过量和不足均可促进叶片细胞膜脂过氧化，引起丙二醛含量增加。

脯氨酸是植物蛋白质的组分之一，它作为水溶性最大的氨基酸具有较强的水合能力，当植物遇到干旱和盐胁迫时，它的大量积累有利于细胞或组织水分保持正常的水势，是植物对逆境胁迫所做出的适应性反应。大量研究表明，脯氨酸是植物蛋白质的主要组成之一，当植物受到干旱胁迫时，脯氨酸可作为渗透剂参与植物的渗透调节作用，因此干旱胁迫会导致植物体内脯氨酸含量积累。在滴灌条件下，灌溉量 20m^3/ 亩的处理脯氨酸含量在某一点上显著高于其他处理，对辣椒植株造成干旱影响，这可能是由于灌溉量太小，滴灌本身出水速度和出水量小，使得植株没有充分吸水，所以造成干旱伤害。其他处理间则无明显差异，25m^3/ 亩的处理脯氨酸含量没有 20m^3/ 亩处理的急剧升高又急剧下降的表现，虽然高于其他灌溉量较大的处理但并无明显差异。而畦灌条件下，在辣椒生育前期，各处理脯氨酸含量均急剧上升，然后下降后期又呈现上升趋势，表现没有滴灌条件下稳定。30m^3/ 亩灌水定额处理的脯氨酸含量在生育后期明显高于其他处理，这可能是由于脯氨酸的保护效应引起的。

可溶性糖是一种重要的渗透调节物质，在干旱胁迫过程中植物体内可溶性糖含量的变化在一定程度上能反映其对不良环境的适应能力。其含量的增加可以在一定程度上反映植物所受逆境胁迫的程度。在膜下滴灌方式下，进入结果期时 30m^3/ 亩处理可溶性糖含量最低，表明在低灌水定额和高灌水定额下，辣椒均表现出逆境胁迫。而在畦灌条件下，灌水定额较大的 40m^3/ 亩和 45m^3/ 亩处理后期呈现急剧下降趋势，表明在高灌水定额下辣椒表现出逆境胁迫，同样表明不只干旱胁迫会造成植株可溶性糖含量的增加，灌水量过大同样会造成植株可溶性糖含量的增加。

可溶性蛋白含量是植物代谢过程中蛋白质损伤的重要指标，其变化可反映细胞内蛋白质合成、变性及降解等多方面的信息，蛋白质也是植物体生命过程中重要的结构物质和功能物质，其代谢受多种因素的影响和调控，因此，干旱、涝、盐渍、病虫害和紫外辐射等非正常环境胁迫都会影响蛋白质代谢。大量研究认为，水分胁迫下可溶性蛋白含量下降。也有研究表明，淹水或干旱等逆境胁迫能抑制蛋白质合成并诱导蛋白质降解，从而使植株体内总蛋白质含量降低。蛋白质含量降低与植物的衰老密切相关，也是逆境对植物的一种伤害作用。膜下滴灌条件下，开花坐果期以前，各处理间无明显差异，果实开始膨大后，辣椒叶片可溶性蛋白均呈上升趋势，灌溉量较大的 40m^3/ 亩和 45m^3/ 亩处理的可溶性蛋白显著低于 30m^3/ 亩处理，表明土壤含水量过高导致叶片可溶性蛋白含量下降。而其他处理均呈上升趋势。而畦灌条件下，较高灌水量处理可溶性糖含量高，与滴灌条件相反，这与水量过多造成植株根系损坏有关。

在正常条件下，植物依靠自身的自由基清除系统维持细胞内活性氧平衡。当植物受到逆境胁迫时，活性氧平衡受到破坏，其清除系统尤其是抗氧化酶会表现出相应的应激反应，以缓解胁迫对植物膜系统的伤害。超氧化物歧化酶是植物细胞中抗氧化胁迫的一种关键酶。滴灌条件下辣椒生长期间，开花坐果期灌水定额处理间差异较明显，以 30m^3/ 亩的处理较低，其他处理较高，与丙二醛含量变化一致，同样表现出低灌水定额和高灌水定额引发的逆境胁迫。超氧化物歧化酶活性缓慢上升的趋势，与辣椒整个生育期生理变化关系密切。畦灌下超氧化物歧化酶后期变化与滴灌相反，呈略微下降趋势，致使辣椒防御功能降低，相对丙二醛含量增加。

过氧化物酶广泛存在于植物体中，可在干旱条件下除去植物体生理系统中累积的 H_2O_2，是活性较高的一种酶。过氧化物酶活性增强可能是因为超氧阴离子诱导超氧化物歧化酶活性，从而产生 H_2O_2 又诱导过氧化氢酶和过氧化物酶活性增强。此外，还可能因干旱促进了过氧化物酶作用底物谷胱甘肽、抗坏血酸和酚类化合物的积累，从而增加了 H_2O_2。过氧化物酶的作用具有双重性：一方面过氧化物酶可在逆境或衰老初表达，可清除 H_2O_2，表现为保护效应，为细胞活性氧保护酶系统的成员之一；另一方面过氧化物酶可在逆境或衰老后期表达，参与活性氧产生和叶绿素降解，并引发膜脂过氧化，表现为伤害效应，是植物体衰老到一定阶段的产物，甚至可作为衰老指标。一般认为其主要作用在于后者。过氧化物酶在植物生长发育过程中活性不断发生变化。一般老化组织中活性较高，幼嫩组织中活性较弱。这是因为过氧化物酶能使组织中所含的某些碳水化合物转化成木质素，增加木质化程度。两种灌溉方式下，过氧化物酶活性在辣椒整个生育期趋势相同，但滴灌条件下后期变化明显，灌水量较大的 $35m^3$/ 亩、$40m^3$/ 亩和 $45m^3$/ 亩处理辣椒叶片过氧化物酶明显上升，表现出叶片老化现象，而灌水量较小的 $20m^3$/ 亩和 $30m^3$/ 亩处理辣椒叶片过氧化物酶活性在近采收期没有明显上升。畦灌条件下在后期也有相对明显的上升趋势，同样表现灌水量较大的处理上升幅度较大，而灌水量较小的 $20m^3$/ 亩和 $30m^3$/ 亩处理上升幅度相对较小。

四、最优灌水量筛选

辣椒在膜下滴灌和畦灌条件下最优灌水量的筛选与比较表明，两种灌溉方式都是以灌水量较小的处理表现较好，滴灌条件下 6 种灌水定额对株高茎粗影响不大，$30m^3$/ 亩处理的株高茎粗在整个生育期表现较好；亩产量以 $30m^3$/ 亩最好但与 $25m^3$/ 亩之间无差异，与 $20m^3$/ 亩处理的产量差异最显著，单株产量和其他处理间差异显著；生理指标 $20m^3$/ 亩表现轻微的干旱效应。畦灌条件下灌水定额对生长量的影响以长势最好的 $25m^3$/ 亩处理与灌水量较大的 $40m^3$/ 亩和 $45m^3$/ 亩处理间，在株高、茎粗、亩产量及单株产量上差异显著；与 20m^3/ 亩和 30m^3/ 亩处理差异不显著；40m^3/ 亩和 45m^3/ 亩处理生理指标表现一定的涝害现象。

根据各项指标，筛选出各滴灌条件下适宜灌水定额为：膜下滴灌 30m^3/ 亩的整个生育期灌水量 220m^3/ 亩效果最好；畦灌 25m^3/ 亩在整个生育期灌水量 190m^3/ 亩效果最好。在这两种灌溉方式的最优灌水量条件下，滴灌从植株长势、干物质积累量及产量上表现均优于畦灌，虽然适宜灌溉量中畦灌条件下灌水量比滴灌下少 5m^3/ 亩，但是实际应用中畦灌灌溉难度很大，由于水量少，所以对于浇灌地的平整度和灌溉技术要求很高，否则会导致灌水不均匀，反而会造成减产。滴灌条件下 30m^3/ 亩处理辣椒亩产量为 989.6kg，而畦灌下 25m^3/ 亩处理辣椒亩产只有 863.7kg，较滴灌亩产量降低 12.7%。滴灌方式不会存在灌溉不均的问题，在滴灌条件下，作物根区土壤干湿兼有，这种干湿兼有的土壤水分可以同时满足作物生长及微生物活动所需要的湿度和通气性。高含水区供给作物任意吸收水分，低含水区土壤通气性良好这样既能保证作物根系正常吸水和呼吸，又有利于土壤中微生物正常活动和繁殖，对有机质分解和土壤肥力的提高都有好处。

生产中通常认为灌水量越大越好，而实际情况中，畦灌灌水量少的表现较好。一次灌水量过大，且水分下渗速度又较慢，造成植株根部较长时间浸入水中。从植物生理角度看，根系缺氧，超氧阴离子过量累积，酶保护系统受损导致质膜破坏，从而引起生物代谢反应发生紊乱，是涝害发生的主要原因，对辣椒生长生理形成不同程度的影响；在滴灌灌溉方式中灌水量较大的处理表现较畦灌更好，滴灌方式是将水呈点滴地、缓慢、均匀而又定量地浸润作物根系最发达区域，使作物主要根系活动区的土壤始终保持在合理含水状态，所以不会出现畦灌方式中存在的问题。

综合生长、产量和生理指标，最终筛选出膜下滴灌最适宜灌水量为 30m^3/ 亩，灌溉定额为 220m^3/ 亩；畦灌条件下最适宜灌水量为 25m^3/ 亩，灌溉定额为 195m^3/ 亩。但实际应用中畦灌灌溉方式还存在很多问题，比如管理较粗放、实际应用中浪费现象较严重。所以在生产中，辣椒整个生育期以灌溉定额 220m^3/ 亩为灌水定额，灌溉方式以膜下滴灌为宜。

第十二章 辣椒微咸水处理灌溉

在淡水资源短缺的今天，能够安全高效地利用大量微咸水用于农业生产是极其重要的。国内外对微咸水的利用已经进行了大量研究，结果表明，一定量的微咸水用于农作物灌溉不仅能够提高作物产量，还具有改善品质的作用；在严重缺水情况下，用微咸水灌溉作物要比不灌溉水获得更大的产量效益。因此，微咸水的开发利用不仅能够解决我国水资源利用的紧张问题，还可以更新地下水资源，储存淡水以及保护生态。一般来说，含盐量 1 ～ 5g/L 的水称低盐度咸水，含盐量 5 ～ 10g/L 的水称为中盐度咸水，10g/L 以上为高盐度咸水，含盐量 50 ～ 500g/L 的水称为卤水。国外利用咸水与微咸水灌溉农作物已经有上百年历史，而主要进行大量研究与实践应用方面包括灌溉水质、灌溉方式、适宜微咸水灌溉的土壤质地和作物以及微咸水灌溉的田间管理等。而对微咸水应用较为广泛的国家是以色列和美国。以色列严重缺水，所以咸水和微咸水得到了广泛应用。我国北方干旱和半干旱地区利用咸水进行灌溉，最早可追溯到 20 世纪 20 年代宁夏用咸水灌溉蔬菜。在微咸水淡化技术进展研究方面，从 20 世纪中期开始，由于水资源缺乏而且咸水比例较大的自然状况，以色列加大了对非常规水源的利用，并在这方面走在了世界前列，所以对咸水和海水不同方式利用的研究一直就没有停止过。虽然在工业和农业方面利用海水和咸水已经取得了很大成就，但以色列水资源委员会认为解决以色列乃至整个中东地区水资源问题的根本出路只能靠淡化海水。所以自 20 世纪 60 年代起以色列的科技人员就一直致力于咸水淡化技术的研究，实际生产量也逐年增加。尤其最近几年由于技术成熟和成本降低，海水淡化生产量增长非常快。按照以色列水资源委员会的定义，淡化水的范围不仅包括天然咸水和海水的淡化，同时也包括部分人为污染地下水净化。所以该委员会将以色列咸水淡化分为三类。第一类是针对被污染的地下水井的治理，其主要目的是去除其中的硝酸盐以及重金属和有机物。其中，去除硝酸盐技术主要是电透析，去除重金属和有机物采用活性炭和离子交换，处理后的水不作为饮用水重新利用。第二类是地下咸水的淡化。目前以色列的微咸水年开采量为 1.6 亿 m^2 左右，其中约 30% 用于工业用水（主要是作为冷却用水），余下部分主要用于农业，包括鱼塘用水和灌溉。第三类是海水淡化，也是未来新增水资源最大的行业。与一般的海水淡化标准不同，以色列水资源委员会要求淡化所生产的水必须高于饮用水标准，尤其是氯化物浓度。其原因是以色列天然水资源的氯化物浓度偏高，这样淡化水可以使整个供水系统的氯化物以及硼离子浓度降低。并且使废水中的盐度降低，有利于农业灌溉。目前以色列采用反透析技术淡化海水，大规模生产前提下其成本在 0.5 美元左右。我国为了利用咸水资源，补足淡水的不足，咸水淡化方法也就成为水处理的一个组成部分。咸水的淡化实际上就是使盐水脱盐淡化或者经处理后达到饮用水标准。咸水淡化方法常用的有蒸馏、电渗析、反渗透和纳滤法等。我国微咸水资源量大，今后微咸水淡化还需研究和开发高效、环保、低成本等的预处理工艺，结合当地已有的水利设施，例如人工湿地、生态渠和稳定塘等对微咸水进行预处理，降低预处理成本和难度。另外，根据微咸水储藏地的能源特点，集成风能和太阳能等清洁能源驱动条件下的微咸水淡化技术，实现节能降耗和资源的持续高效利用。

目前，对微咸水灌溉农作物已有大量研究，并且对微咸水的不同灌溉方式也有一定研究，例如微咸水混灌、微咸水轮灌等，但是这些灌溉方式都是在利用微咸水的同时还要利用当地的淡水资源，这对于淡水资源不足的地区有一定的限制。因此，微咸水淡化的研究尤为重要。在微咸水净化灌溉作物研究方面，在以色列有少部分农户用淡化后的微咸水和海水进行农作物灌溉。在我国微咸水淡化用于农作物灌溉的研究起步较晚，因此，基于淡化微咸水灌溉辣椒，进行其品质和产量等研究意义重大。

第一节　微咸水与淡化水混灌和轮灌种植辣椒

选取不同淡化微咸水利用方式（A1 为微咸水：淡化水 =1∶1 混灌；A2

为微咸水与淡化水按次轮灌），不同防渗措施（B1 为侧膜 + 底部黏土；B2 为全塑料薄膜）和不同灌水定额（C1 为前、后期灌水定额分别为 $6m^3$/ 亩和 $9m^3$/ 亩；C2 为前、后期灌水定额分别为 $8m^3$/ 亩和 $12m^3$/ 亩）3 个因素，每个因素选取两个水平，共有处理 1 为 A1B1C1；处理 2 为 A2B1C2；处理 3 为 A1B2C2 和处理 4 为 A2B2C1 4 个处理。在种植方式、种植时间、种植密度和施肥量相同条件下，研究微咸水灌溉方式、防渗措施和灌水定额 3 个因素不同水平对辣椒的生长发育、生理指标、产量、品质及灌水前土壤含水率等影响，找出淡化微咸水利用方式、防渗措施以及灌水定额的最优组合方案。

一、土壤影响

在土壤质量含水率影响方面，利用时域反射仪观测土壤体积含水率，将其观测值利用公式“土壤质量含水率 = 土壤体积含水 / 土壤干容重”转换为土壤质量含水率。不同处理间水分变化规律基本一致。在辣椒幼苗中期出现水分第一次最小值，这表明在此期间辣椒需水较大。当辣椒进入结果盛期，此期间温室温度逐渐升高，辣椒的腾发量增大，虽然灌水定额增加，但土壤的质量含水率依然降低，这说明辣椒在结果期耗水量大。土壤质量含水率变化的总体规律为处理 4> 处理 3> 处理 2> 处理 1。这说明全薄膜防渗能使辣椒土壤水分保持较高水平。

在土壤电导率影响方面，处理 1 和处理 3 为混灌，电导率呈平缓状态，处理 1 的电导率在 0.8 ～ 1.5ms/cm 浮动，处理 3 的电导率在 2.0 ～ 2.9ms/cm 浮动。处理 2 和处理 4 为按次轮灌，规律呈波动状态，在一段时间有明显的上升及下降，这是因为按次轮流灌溉中淡化水对沙土有一定的淋洗作用，电导率的总体规律为处理 4> 处理 3> 处理 2> 处理 1，这是因为全塑料薄膜防渗不透气不透水，使盐分累积较侧膜防渗大，因此，全塑料薄膜防渗虽然有较好的保水作用，但会加快土壤盐渍化。

二、株高和茎粗

在缓苗后期进行第一次株高测量，结果采收后期进行最后一次测量，一共测量 14 次，每 15d 测量 1 次，每个处理选定长势具有代表性的 5 棵辣椒植株作为固定测量对象，剔除最大值和最小值求平均值。第一次测量株高9.74cm，在辣椒处于缓苗期和幼苗期，其生长缓慢，且各处理的增长速率分别为0.19cm/d、0.16cm/d、0.23cm/d和0.17cm/d，这是因为在该时间段的气温低不适宜辣椒生长。在幼苗期后期至开花坐果期，辣椒株高变化速率较快，

其中各处理的增长速率为1.02cm/d、1.03cm/d、1.13cm/d和1.12cm/d，这是因为在该时间段气温回升。随后辣椒生长进入结果期，其株高生长再次缓慢，但是比缓苗及幼苗期生长快，各处理的增长速率分别为0.47cm/d、0.47cm/d、0.54cm/d和0.45cm/d。

在缓苗后期进行第一次株高测量，结果采收后期进行最后一次测量，一共测量14次，每15d测量一次，每个处理选定长势具有代表性的5棵辣椒植株作为固定测量对象。在整个生长期内，各处理茎粗总体规律表现一致，据茎粗可知，幼苗期辣椒生长缓慢，各处理生长速率分别为0.03mm/d、0.04mm/d、0.05mm/d和0.05mm/d。之后开花坐果期温度上升后生长速度加快，茎粗也快速增加，各处理生长速率分别为0.15mm/d、0.13mm/d、0.17mm/d和0.015mm/d。到了结果期，由于干物质积累主要在果实，所以茎粗增长幅度变小，各处理生长速率分别为0.06mm/d、0.07mm/d、0.07mm/d和0.08mm/d。最后茎粗大小表现为处理3>处理4>处理2>处理1。

三、叶绿素及光合作用

在整个生长期内，各处理叶绿素含量变化规律表现一致，均呈先增大后减小的趋势，其中最大值出现在结果盛期，大小表现为处理3>处理1>处理4>处理2，这是因为结果期辣椒需要的营养成分较多，而作物只有利用叶绿素才能进行光合作用，从而快速补充植物生长所需的各种营养成分。

对辣椒光合作用日变化的影响分析，发现不同处理均为双峰凸抛物线，变化规律一致，峰值分别出现在12：00和15：00。总体光合速率变化表现为处理3>处理1>处理4>处理2，处理3光合速率最大值为33.26CO_2μmol/（H_2O·S），处理1、处理2和处理4分别较其降低8.0%、27.2%和15.4%，这表明处理3能使辣椒叶片光合速率达到最大，处理1次之，可知对于辣椒光合速率变化，受混灌影响最大；随后光合速率降低，到14：00达到极小值，此

时各处理光合速率较最大值分别降低 59.3%、69.4%、57.4% 和 64.7%；15：00 光合速率回升到第二个峰值，此时明显小于 12：00 时的光合速率值，大小与 10：00 时的光合速率值相当，之后光合速率开始回落。这表明辣椒光合速率 12：00 前最强烈，微咸水与淡化水混合灌溉的光合速率整体比按次轮灌大，同时全薄膜防渗比侧膜防渗光合速率大，而土壤水分受到灌水技术与防渗措施的控制。

不同处理对辣椒蒸腾速率的影响方面，辣椒蒸腾速率与净光合速率变化不同，整体表现为单峰凸抛物线，在 14：00 出现最大值，整体表现为处理 3> 处理 1> 处理 4> 处理 2。14：00 之前蒸腾速率的增长较 14：00 之后缓慢，此时处理 3 辣椒的蒸腾速率为 4.145H_2Ommol/（m^2·S），处理 1、处理 2 和处理 4 分别较其降低 3.98%、24.44% 和 16.79%。处理 3 能使辣椒叶片蒸腾速率达到最大，处理 1 次之，可知对于辣椒蒸腾速率变化同样受混灌影响最大。

不同处理对辣椒气孔导度的影响方面，总体变化规律为处理 3> 处理 1> 处理 4> 处理 2。4 个处理整体变化规律均为单峰凸抛物线，峰值出现在 12：00，在此时辣椒的光合速率也达到最大值，这是因为此时光照强度也达到最大，气孔开度达到最大，此时处理 3 气孔导度为 0.0963 H_2Ommol/（m^2·S），处理 1、处理 2 和处理 4 分别较其降低 15.99%、25.44% 和 19.0%，处理 3 能使辣椒叶片气孔导度达到最大，处理 1 次之，可知辣椒气孔导度变化受混灌影响最大。随后辣椒叶片气孔导度开始降低，12：00—13：00 气孔导度降幅较大，之后降低速度减缓。

胞间 CO_2 是光合作用碳的主要来源，胞间 CO_2 控制光合作用的进行。不同处理变化规律均为凹抛物线，在 12：00 时达到最小值，这是因为在此时光合作用最大，辣椒叶片利用 CO_2 的能力最强，致使 CO_2 浓度急剧减小。整体变化趋势为处理 2> 处理 4> 处理 1> 处理 3，处理 3 胞间 CO_2 浓度最小值为 65.61CO_2μmol/mol，处理 1、处理 2 和处理 4 较其分别降低 30.5%、55.7% 和 47.5%。胞间 CO_2 浓度变化规律与光合速率、蒸腾速率、气孔导度变化正好相反，这表明在胞间 CO_2 浓度一定情况下，混灌利用 CO_2 的能力大于轮灌，全薄膜防渗条件下辣椒叶片利用 CO_2 的能力大于侧膜防渗措施。

四、产量和品质

各处理的产量表现为处理 3> 处理 1> 处理 4> 处理 2，且处理 3 的产量比处理 1 高出 11.61%，比处理 2 高出 16.15%，比处理 4 高出 13.76%。

辣椒品质方面主要包括维生素 C、可溶性糖、可溶性固形物和有机酸等。研究淡化微咸水（A）、防渗措施（B）和不同灌水定额（C）三因素对相关品质影响，据经济、实施方便和节水等方面考虑，维生素 C、可溶性糖、可溶性固形物和有机酸最佳组合依次为 A1B2C1、A1B2C3、A1B2C1 和 A1B2C1。综合品质的极差和方差分析可知，最适宜辣椒生长品质的最优组合 A1B2C1。

通过对辣椒株高、茎粗和叶绿素的综合分析，可知在冬季种植的日光温室辣椒主要影响其生长速度的因素是温度，所以种植温室辣椒在冬春季节应该多做保温措施以控制温室内温度，从而达到加快辣椒生长速度的目的。通过对土壤的分析可知，辣椒幼苗期即将结束时的需水量较大，结果期辣椒对水分需求量最大，因此在该时期应该适当加大灌水量或者增加灌水频次，以增加辣椒产量。通过对株高、茎粗、叶绿素、叶片生理指标、产量和品质的极差和方差分析，可知影响日光温室辣椒株高的因素顺序是 A>C>B，因素 A 对株高影响显著，所以最优组合方案为 A1B2C1。影响茎粗因素顺序是 B>C>A，因素 B 对茎粗的影响非常显著（0.05 水平），所用最优组合方案为 A1B2C1。影响叶绿素的因素顺序为 A>B>C，各因素对其无显著影响，所以最优组合方案为 A1B2C1。因素 B 和 A 对净光合速率极其显著。影响产量因素的顺序为 A>B>C，因素 B 对其影响显著，因素 A 对其影响非常显著，所以最优组合为 A1B2C1。

影响品质的因素顺序为 A>B>C，因素 B 对维生素 C 有显著影响，对可溶性糖含量影响非常显著，因素 A 对维生素 C 影响极其显著，因素 C 对可溶性糖含量影响显著，所以最优组合为 A1B2C1。综上所述，对非耕地日光温室辣椒生长最有利的组合方案为 A1B2C1。

第二节　不同浓度淡化微咸水灌溉辣椒

为寻求微咸水膜下滴灌的最优灌溉制度，分别用微咸水（矿化度为2.7g/L）、净水（矿化度为0.18g/L）、混合水（微咸水与净水按1∶1混合，矿化度为1.6g/L）3种水质，分5种处理，包括：处理1采用矿化度为2.7g/L的微咸水灌溉；处理2采用矿化度为1.6g/L的咸淡混合水灌溉；处理3按辣椒不同生育期划分，各生育期依次用微咸水和净水交替灌溉；处理4按微咸水和净水的顺序依次交替灌溉；处理5采用经过净化处理矿化度为0.18g/L的净水进行灌溉。分析5种灌溉制度对辣椒生长和产量的影响，测定了株高、茎粗、光合特性、产量、果实品质及土壤水盐特性等指标。

一、生长指标

整个生育期每15d对辣椒植株的株高、茎粗、叶绿素等指标进行测量，共测量10次。

在辣椒株高影响方面，处理1的辣椒在苗期株高增长快，进入开花结果期后增长慢；而处理5和处理4的株高形成了与此相反的变化，即两个处理在苗期对植株株高有抑制作用，但是进入开花结果期后，这两种处理方式能明显促进植株株高增长，且处理5的辣椒株高高于处理4；处理2的植株在进入采收期后株高变化逐渐减缓；而处理3的植株生长则出现了一定的延后现象，其株高的生长规律受前一生育阶段灌水水质影响明显，若前一阶段灌溉净水，则植株在灌溉微咸水阶段生长较快，若前一阶段灌溉微咸水，则植株在灌溉净水阶段生长较慢。

在辣椒茎粗影响力方面，处理1对辣椒茎粗在整个生育期有明显的抑制作用，其茎粗变化量总是低于其他处理；处理2的植株茎粗出现了前期增长快，后期增长慢的趋势；而处理3的植株茎粗变化量出现了一定的规律变化，进入开花结果期后，若该生育阶段灌溉净水，则植株茎粗增长较快，若该阶段灌溉微咸水，则植株茎粗增长较慢；处理5和处理4的植株从苗期到采收前期，植株茎粗变化量均呈现一个逐步增长的趋势，且处理4的植株茎粗在这几个阶段的变化量总是大于处理 5，但是进入采收后期时，处理 5 的植株茎粗与其他处理在 5% 水平上存在显著性差异，且与处理 2 和处理 1 间在 1% 水平上存在极显著性差异。

在不同处理对辣椒叶绿素含量的影响方面，叶绿素含量高低是反应植株叶片光合性能强弱的一项重要指标，与叶片光合速率的大小密切相关，在一定程度上是植物同化能力强弱的表现。在整个生育阶段处理 1 的辣椒植株叶绿素含量基本高于其他处理，且与其他处理之间在 5% 水平存在显著差异；而处理 5 的辣椒叶绿素含量明显低于其他处理，且与处理 1 在 1% 水平存在极显著差异；处理 3 在采收前期的叶绿素含量与其他处理在 1% 水平存在极显著差异，该处理中不同水质对于植株叶绿素含量的变化影响不大；同样处理 2 和处理 4 的植株叶绿素含量变化趋势不明显。

二、光合特性

作物的产量高低主要取决于植株的光合作用，而植株的生理机能和外界环境是制约光合作用高低的两个重要因素。选择晴朗无云的天气，按生育期灌水制度每三周测定一次。发现在不同的生育阶段辣椒的光合特性呈现出不同的变化趋势。

1. 不同生育期光合特性日变化

（1）在不同处理对开花坐果期辣椒光合特性日变化的影响方面辣椒处于开花坐果期，处理 3 灌溉净水，在不同水质处理后，辣椒净光合速率日变化表现为双峰特征，峰值分别出现在 11：30 和 15：30。在温室内随着光照增强、气温逐步升高，使辣椒生理活动旺盛，净光合速率随之增强，在 11：30 出现峰值，其中处理 1 的峰值最高，其值为 46.9μmol/（m^2 · S），其他处理的峰值依次为处理 2> 处理 3> 处理 4> 处理 5，随着温度的进一步升高，为防止植株水分过分散失，叶片气孔部分关闭，气孔阻力增大，导致叶片内 CO_2 浓度降低，辣椒净光合速率在 14：00 左右出现谷值；随着光照强度减弱，温室内温度开始下降、相对湿度升高，气孔开度增加，导致光合速率有一定的回升，各处理在 15：30 左右又出现了一个小的峰值，但光合速率整体呈现逐渐下降的趋势。

叶肉瞬时羧化效率反映了植物对进入叶片细胞间隙 CO_2 的同化状况，羧化效率越高则光合作用对 CO_2 的利用率就越高。不同处理的辣椒植株均在 11：00 和 15：00 出现两个峰值，但是上午的叶肉羧化效率明显高于下午，即辣椒植株在 11：00 左右对 CO_2 的利用效率最高，但是不同处理间还存在一定的差异。各处理在 11：00 的叶肉瞬时羧化效率由大到小依次为处理 3> 处理 4> 处理 5> 处理 1> 处理 2，其中处理 3 的叶肉瞬时羧化效率明显高于其他处理，而处理 1 和处理 2 则没有太大差别。

植株叶片的胞间 CO_2 浓度是作物进行光合作用的主要原材料，也是其光合作用进行过程的反应。而植株叶片的气孔限制值是用来判断植株在水分亏缺（或胁迫）条件下光合作用降低的指标之一。若植株叶片胞间 CO_2 浓度下降，但气孔限制值升高，则说明植株光合作用的降低是由气孔限制因素引起的，即由于气孔导度的减小，导致进入气孔的 CO_2 量降低，从而不能满足光合作用的要求；若胞间 CO_2 浓度上升但气孔限制值下降，则说明光合作用的降低是由于非气孔限制因素引起的，即由于叶片温度的升高，导致叶绿体活性与核酮糖 –1,5– 二磷酸羧化酶 / 加氧酶活性降低，1,5– 二磷酸核酮糖羧化酶再生能力下降，从而导致植株光合能力的下降。辣椒植株叶片的胞间 CO_2 浓度与净光合速率基本呈相反变化。植株叶片经过一夜的呼吸作用，在 10：00 左右叶片内 CO_2 累积量达到最大值，随着净光合速率的逐渐增大，CO_2 同化速度加快，胞间 CO_2 浓度开始逐渐下降，在 11：30 左右出现谷值。14：00 左右由于光照强度较大，导致叶片气孔关闭，致使胞间 CO_2 浓度累积并出现峰值，峰值大小依次为处理 3> 处理 4> 处理 2> 处理 5> 处理 1。之后胞间 CO_2 浓度随净光合速率的变动呈现相反变化，17：00 后随着净光合速率的下降，导致植物对 CO_2 利用降低，同时细胞间隙不断累积呼吸作用所释放的 CO_2，植株叶片胞间 CO_2 浓度开始逐步上升。在这一阶段各处理的气孔限制值曲线变化与胞间 CO_2 浓度曲线变化完全相反，在 11：00—12：00 和 14：00—16：00 这两个阶段里，胞间 CO_2 浓度下降而气孔限制值上升，说明在这个时段内辣椒植株的光合速率降低是由于植株叶片的气孔限制因素引起的；而 12：00—14：00 胞间 CO_2 浓度上升同时气孔限制值下降，说明这一时段光合速率的降低是由于叶片表明气温较高引起的，属于非气孔限制因素引起了变化。

（2）在不同处理对采收前期辣椒光合特性日变化的影响方面辣椒处于采收前期，处理 3 灌溉咸水，在不同水质处理后，辣椒净光合速率日变化表现为单峰特征。各处理峰值均出现在 15：30，峰值大小依次为处理 3> 处理 2> 处理 4> 处理 5> 处理 1。在这一阶段各处理的叶肉瞬时羧化的峰值开始向午后推移，虽然各处理的曲线在 16：00 以后出现了不同程度的波动，但是最大值均出现在 15：00 左右。各峰值的大小依次为处理 1> 处理 3> 处理 2> 处理 5> 处理 4。

该阶段各处理的胞间 CO_2 浓度变化基本呈现先减小后增大的趋势。各处理的胞间 CO_2 浓度的最低值即谷值均出现在 15：00 左右，其值由小到大依次为处理 1< 处理 2< 处理 3< 处理 5< 处理 4。16：00 之后随着净光合速率的降低而上升。整体来看，15：30 分为各处理气孔限制值的临界点，15：00 之前，光合速率降低是由气孔限制因素所引起的，而 15：00 之后光合速率降低则是由非气孔限制因素引起的。但是处理 3 和处理 5 在 17：00 左右出现胞间 CO_2 浓度下降和气孔限制值上升的变化，说明这两个处理在这一时段的光合速率降低是由于气孔关闭引起的。

（3）不同处理对结果盛期辣椒光合特性日变化影响方面在结果盛期，处理 3 灌溉净水，辣椒净光合速率日变化在这一阶段主要呈明显的单峰曲线，但个别曲线在变化时仍有波动。各处理的最大峰值均出现在 13：00 左右，其中处理 5> 处理 3> 处理 4> 处理 2> 处理 >1，同时各处理在 11：00 左右呈现上升又下降的小波动。

这一阶段的叶肉瞬时羧化效率曲线变动幅度较大，在 12：00 左右由于温室内温度较高，光照较强，气孔关闭造成植株叶片胞间 CO_2 浓度上升以及净光合速率下降，各处理的羧化效率到达谷值，随后由于净光合速率的上升，速率开始增大。处理 1、处理 3 和处理 4 这 3 个处理在 14：00 和 16：00 出现了两个峰值且相差不大；处理 2 的峰值出现在 16：00 左右，其值高于前 3 个处理；处理 5 的羟化效率截至 17：00 左右，一直呈现上升的状态。

结果盛期各处理的胞间 CO_2 浓度总体呈现下降的趋势，但是其中又会出现小幅波动。处理 1 自测量开始一直下降，到 16：00 达到谷值，随后在 17：00

开始缓慢上升。处理 2 与处理 1 的变化趋势相同，其谷值出现时间与前者相似。处理 3 虽然也是在 16：00 出现谷值，但是该处理的浓度曲线在 14：00 左右有小波动。处理 4 的谷值则出现在 14：00 左右，之后在 15：00 有小的上升再回落的变化。处理 5 在截至 17：00 一直处于下降状态。处理 1 和处理 2 在 16：00 之前光合速率受气孔限制因素影响，而 16：00 之后由于叶温过高而引起了光合速率的降低；处理 3 和处理 4 则是在 14：00—15：00 这一时段受到温度的影响，导致光合速率降低；处理 5 在截至 17：00 光合速率都是受到气孔限制因素的影响。

2. 全生育期光合特性

（1）温室内环境因子日变化通过多次对辣椒全生育期温室内光合有效辐射、大气温度及大气 CO_2 浓度 3 项环境因子的测量和对比，发现温室内的光合有效辐射远低于露地栽培。由于温室内空气流通性相对相差，植株经过一夜的呼吸作用导致上午温室内 CO_2 浓度远远高于其他时刻。整体而言，3 月温室内光合有效辐射在上午呈现缓慢增加趋势，最大值约 1 000μmol/（m^2・S）出现在 14：00，同时由于温室棚膜的遮光效应，光合有效辐射在 15：00 之后成倍下降。然而进入 4—5 月，随着日照时间的延长和太阳高度角的降低，温室的光合有效辐射在 10：00 左右的起始值低于 3 月，而且有效辐射的上升幅度增大；与 3 月相比，4 月和 5 月有效辐射出现最大值约提前 1h，最大值在 1 100 ～ 1 200μmol/（m^2・S），且下降速度也明显减缓，在 17：00 后还能维持 560 ～ 640μmol/（m^2・S）的有效辐射。

温室内大气温度日变化幅度不是很大，在 11：00—14：00 持续出现高温，随后随着光合有效辐射的减弱，下降明显。从整体来说温室内自 10：00—17：00 存在 3 ～ 10℃的温差。

温室内 CO_2 浓度的变化幅度不大，基本在 270 ～ 390μmol/mol 的范围内波动。一般 10：00 左右的 CO_2 浓度最大，随着净光合速率的增大，CO_2 浓度开始下降，11：00—13:00 会出现最低值，一般在 300mol/mol 左右，之后温室内 CO_2 浓度会出现升—降—升的曲线变化，一般会在 15：00—16:00 出现小幅下降，17:00 后由于植株叶片气孔关闭或光合有效辐射降低，植株对于 CO_2 的同化能力减弱导致室内 CO_2 浓度开始缓慢上升。

（2）不同处理对辣椒净光合速率、蒸腾速率及气孔导度全生育期的影响。对比整个生育阶段各处理的净光合速率峰值出现的时间及大小，处理 1 有抑制植株净光合速率的作用，虽然该处理在开花结果期辣椒植株净光合速率峰值最大，但进入采收期后该处理植株的净光合速率峰值总是小于其他处理，同时该阶段植株净光合速率呈双峰曲线，两峰值出现相差 3 ～ 4h；而处理 5 的净光合速率峰值变化则与处理 1 呈相反的变化趋势；处理 3 的植株净光合速率峰值一般出现在 15：00 左右，同时该处理下的植株净光合速率变化出现延后现象，其净光合速率峰值变化规律受前一生育阶段灌水水质影响明显，若前一阶段灌溉净水，则峰值在灌溉微咸水阶段较大，若前一阶段灌溉微咸水，则峰值在灌溉净水阶段相对较小，但无论在哪一阶段处理 3 的峰值总是大于处理 5，且高于其他处理；处理 2 和处理 4 对于植株净光合速率变化规律不明显，但是其峰值总是呈现处理 2 处理 > 处理 4> 处理 1 的规律。整体而言辣椒植株会在 15：00—16:00 出现一个明显峰值。

植株的光合作用是合成植物体内干物质的唯一途径，光合速率的大小会直接影响作物生长发育和产量；而蒸腾作用则是在降低叶温的同时为作物水分吸收和运输提供动力；蒸腾速率随气孔导度的增大而增加。对比整个生育阶段各处理的峰值出现的时间及大小，发现辣椒植株的蒸腾速率会在 12:00—14:00 出现一个明显峰值。随着植株的生长，蒸腾速率的峰值也逐渐降低。发现处理 1 和处理 2 的峰值出现时间基本相似，其中处理 1 在开花结果期时期，辣椒植株蒸腾速率峰值最大，但随着植株的生长峰值在逐渐降低，进入采收期后该处理植株的蒸腾速率峰值小于其他处理；处理 3 在灌溉净水时，蒸腾速率峰值较低，而灌溉微咸水时却能够增大峰值；处理 4 和处理 5 总是呈现单峰曲线变化，且二者的峰值出现时间一致，峰值也较其他处理高。

三、辣椒产量

各处理辣椒产量依次为处理 5> 处理 2> 处理 4> 处理 3> 处理 1，处理 5 比处理 1、处理 3、处理 4 和处理 2 分别增产 35.1%、18.8%、17.7% 和 15.1%。

整体而言，处理 1 与其他处理相比，由于植株体内盐离子累积量较高，导致植株整体长势较弱，从而限制水分和无机盐的运输能力，当进入生殖生长阶段更无法很好地满足植株生长需要，从而降低了植株叶片对 CO_2 和光的吸收效率，抑制了植株净光合速率，导致产量下降。处理 2 在营养生长阶段，株高和茎粗增长较快，进而叶片数增多，叶面积增大，为生殖生长阶段光合作用的进行奠定了良好基础，增加了果实干物质的累积，提高了辣椒产量。而处理 4 的植株株高和茎粗变化呈现前期增长慢，后期增长快的趋势。但是由于植株净光合速率峰值总是呈现处理 2> 处理 4> 处理 1 的规律，故而 3 个处理的产量也出现了相同规律。虽然处理 5 的植株株高和茎粗变化也呈现前期增长慢，后期增长快的趋势，且在采收后期这两项指标总是高于其他处理。同时，较多的叶片数和较大的叶面积更加有利于植株叶片对 CO_2 和光的吸收效率，促进光合作用的进行，增加产量。处理 3 的植株生长总是出现一定的延后现象，其植株生长规律受前一生育阶段灌水水质影响明显，若前一阶段灌溉净水，则植株在灌溉微咸水阶段生长较快，且净光合速率峰值较大，若前一阶段灌溉微咸水，则植株在灌溉净水阶段生长较慢，峰值较小。而这也是导致该处理辣椒产量不稳定的根本因素。

四、辣椒品质

处理 1 的辣椒果实可溶性固形物含量最高，其值为 10.87g/kg，与处理 3 的 6.73g/kg 在 5% 水平呈显著差异，其他处理之间没有显著差异；处理 2 可溶性总糖含量为 3.02%，与处理 5 在 5% 水平呈显著差异；处理 4 的维生素 C 含量最高为 24.48mg/100gFW，与处理 3 的维生素 C 含量 12.30mg/100gFW 在 5% 水平呈显著差异；处理 1 的有机酸含量为 0.00355%，与处理 2 有机酸含量 0.00317%、处理 3 有机酸含量 0.00304% 在 5% 水平呈显著差异。

处理 1 的盐离子累积效应可以提高辣椒可溶性固形物和有机酸含量，处理 4 可使辣椒维生素 C 含量升高，而由于处理 3 水质的延后效应，导致该处理下的辣椒果实维生素 C 含量、可溶性固形物和有机酸含量均低于其他处理。

五、水分利用效率

为保证辣椒能正常生长，定植时全部用纯水灌溉，苗期开始按生育期划分进行不同水质处理。采收后期由于气温增高，日照时间增长，水分蒸发量增大，在缩短灌水频率的同时灌水定额由之前的 8m³/ 亩增加到 12m³/ 亩。通过不同水质处理水分利用效率方差分析，在相同的灌溉量下，水分利用效率依次为处理 5> 处理 2> 处理 4> 处理 3> 处理 1> 处理，处理 5 与其他处理之间在 1% 水平上存在极显著差异，处理 2 与其他处理之间在 5% 水平上存在显著差异，其他 3 个处理之间无显著差异。

六、土壤水盐特性影响

通过水土比为 5∶1 的土壤浸提液测定土壤的 pH 值、电导度值及浸提液温度，由于电导度受温度影响变化明显，需通过公式计算出当时土壤浸提液的电导率。

对比发现，处理 1 土壤的 pH 值、EC 和水溶性盐含量均最高，而且在 20 ～ 40cm 含量要高于 0 ～ 20cm 土壤含量，其他处理则是 0 ～ 20cm 的 pH 值、EC 和水溶性盐含量高于 20 ～ 40cm；在 0 ～ 20cm 土层中，处理 2、处理 3 和处理 4 的 pH 值与处理 5 在 1% 水平上呈显著性差异，而 EC 和水溶性盐含量则是处理 2> 处理 3> 处理 4> 处理 5；但是处理 3 和处理 5 的水溶性盐含量在 20 ～ 40cm 的土层中并没有显著差异。

综合来看，不同矿化度的灌溉水都增加了土壤水溶性盐的含量，矿化度越高盐含量越高；同时两种咸淡水轮灌方式都相对降低土壤盐的含量，而且按生育期轮灌能够明显减少盐分在下层土壤的累积；微咸水灌溉对于土壤还产生了一定的淋洗作用，使上层盐分含量小于下层含量。

第十三章　辣椒再生水灌溉

再生水是指废水或雨水经适当处理后，达到一定的水质指标，满足某种使用要求，可以进行有益使用的水。和海水淡化或跨流域调水相比，再生水具有明显的优势。从经济角度看，再生水成本最低，从环保角度看，污水再生利用有助于改善生态环境，实现水生态的良性循环。近年来，随着人口不断增加、农村耕地面积不断减少、有限耕地资源和水资源短缺，再加上国民经济持续发展和人民生活水平提高，对农产品的需求不断增长，矛盾越来越尖锐。如果将生活污水处理达标后用于农田灌溉，将有效缓解国内水资源短缺问题。利用再生水灌溉方式可以有效缓解我国淡水资源短缺的压力，为农业生产可持续性发展提供有效途径。

氮、磷和钾在适宜条件下可转化生成土壤有机质，提高土壤缓冲性能及土壤肥力，再生水中含有丰富的氮、磷和有机物，因此，再生水灌溉对作物生长有一定促进作用。作物产量品质是决定再生水灌溉可行性的重要影响因素，研究再生水灌溉条件下蔬菜中的重金属富集情况及污染风险，通过不同水体浇灌蔬菜，发现再生水灌溉对蔬菜中的重金属污染相对较小，极大地节约了水资源成本，并为蔬菜提供了大量的生长元素。浇灌 60d 后，再生水中的重金属在土壤中有一定的富集，但随着淋溶时间的延长，重金属浓度保持不变；在垂直迁移上重金属的浓度变化也不大，基本呈水平趋势；再生水浇灌后的土壤没有额外超标，优于蔬菜种植的土壤标准要求。然而再生水浇灌的蔬菜，重金属有一定的富集，不同的蔬菜品种，重金属富集情况不同，苦瓜类瓜果蔬菜基本处于相对可食用的范围，而茎叶类菜心容易超出了《食品安全国家标准　食品中污染物限量》（GB 2762—2022）。为有效缓解我国部分地区农业水资源短缺问题，研究再生水灌溉对蔬菜产量和品质的影响，发现再生水灌溉条件下根菜类蔬菜产量总体呈现增加趋势，5 茬（3 种）根菜类蔬菜平均增幅达到21.66%，再生水灌溉对蔬菜水分和品质指标无显著影响。再生水灌溉条件下根菜类蔬菜硝酸盐含量为63.8～68.7mg/kg，亚硝酸盐含量为0.020～0.084mg/kg，再生水灌溉具有增加试验根菜亚硝酸含量的趋势，但再生水灌溉的蔬菜硝酸盐和亚硝酸盐含量均低于标准限值。研究再生水灌溉对叶菜产量与品质的影响，再生水灌溉条件下9茬（6种）叶菜类蔬菜产量平均增加23%；再生水灌溉条件下叶菜含水率和品质均没有明显差异，再生水灌溉没有增加叶菜硝酸盐含量，但亚硝酸盐含量增加51.6%，各处理硝酸盐和亚硝酸盐含量均低于标准限值。研究再生水灌溉对番茄生长和品质的影响，发现再生水灌溉在一定程度上能增加维生素C和可溶性固形物含量。研究三级处理的再生水滴灌对番茄果肉及微生物的影响，以井水为对照，发现番茄果肉不会受到再生水中微生物的污染。为了探明生活污水用于短生育期作物灌溉的可行性并寻求适宜的灌溉制度，以小白菜作为研究对象，采用清水和再生水2种水质以及60%、70%、80%和90%的田间持水率4个灌水下限的两因素盆栽试验，发现再生水灌溉对小白菜产量的影响较小，对小白菜吸收氮、磷和重金属的能力影响不显著，而小白菜对不同重金属的吸收能力表现出显著的差异。与清水相比，再生水灌溉条件下土壤有机质、速效氮和速效磷均有增加，且与灌水下限有显著的正相关，同时也会导致土壤盐分的增加，而土壤重金属无明显差异。总而言之，小白菜可用再生水灌溉，但不能直接采用清水灌溉的灌溉制度。再生水相对于地表水和地下水而言，水中含有氮、磷和钾等营养元素以及有机物，这些物质随着水进入土壤变成养分，促进作物生长；再生水中也含有丰富的金属离子，有些金属离子随着水源进入土壤累积到一定量时，会造成土壤污染。

多数研究表明，再生水灌溉对于作物的品质影响在食用安全范围内，目前国内学者研究再生水灌溉对农作物影响多为短期灌溉试验，其长期灌溉效应需进一步深化。针对再生水滴灌对辣椒产量和品质的影响问题，对辣椒生长机制、生理指标、产量及品质进行研究，揭示灌溉定额、施肥量和水质组合对辣椒生长指标、生理指标和品质的影响规律，阐明辣椒水肥耦合效应机理，确定辣椒最优灌溉定额及较优技术方案，为再生水滴灌蔬菜种植提供理论依据与技术支持。

第一节 再生水和自来水不同灌溉定额

采用对比试验方法，在施肥和栽培等相同条件下，对辣椒（羊角椒）灌溉制度进行研究。设置再生水低水平 Z1（2 470m^3/hm^2）、中水平 Z2（3 505m^3/hm^2）和高水平 Z3（4 540m^3/hm^2）3 个灌溉定额处理，以自来水水质 3 个不同灌溉定额分别为 Q1 为 2 470m^3/hm^2；Q2 为 3 505m^3/hm^2；Q3 为 4 540m^3/hm^2 为对照，研究再生水不同灌溉定额对辣椒光合作用、产量和品质的影响。

一、辣椒生长量

再生水和自来水灌溉的辣椒整个生育期生长趋势均一致。幼苗期之前各处理株高差异不显著，幼苗期以后 Z3 处理生长速度最快，Q1 处理生长速度最慢。再生水灌溉 Z3 处理最大值为 90cm，自来水灌溉 Q3 处理株高最大值 82cm。再生水和自来水灌溉辣椒生长速率由大到小顺序均为 Z3>Z2>Z1 和 Q3>Q2>Q1，各处理差异极显著；说明随着灌溉定额的增加对辣椒株高有促进作用。灌溉定额相同时，再生水灌溉分别比自来水分别高 1.4%、1.2% 和 2.4%，再生水中含有的氮和磷元素对辣椒株高具有促进作用。

各处理辣椒茎粗整个生育期变化趋势一致，再生水灌溉和自来水灌溉定额为 4 540m^3/hm^2 时，茎粗均最粗，再生水灌溉 Z3 处理茎粗最大为 16.26mm，Z1 处理茎粗最低为 11.22mm，Z3 处理比 Z1 处理的茎粗大 44.9%；自来水灌溉 Q3 处理茎粗最大为 15.69mm，自来水灌溉 Q1 处理的茎粗最低为 10.84 mm，Q3 处理比 Q1 处理高 44.7%。再生水和自来水灌溉辣椒茎粗由大到小的顺序为 Z3>Z2>Z1 和 Q3>Q2>Q1，各处理差异极显著。说明灌水量越多对辣椒茎粗促进作用越明显。灌溉定额相同时，再生水灌溉分别比自来水灌溉高 11.2%、17.3% 和 1.4%，说明水质对辣椒茎粗的影响较小，灌溉定额对辣椒茎粗的影响较大。

二、辣椒产量

不同水质和水量对辣椒产量的影响方面，再生水和自来水 3 个处理对辣椒的产量均差异显著；再生水和自来水灌溉辣椒产量由大到小的顺序为Z3>Z2>Z1和Q3>Q2>Q1。辣椒产量随着灌溉定额的增大而增大，Z3处理比Z2和Z1处理产量分别高15.1％和41.7％。Q3处理比Q2和Q1处理产量分别高19.8％和50.4％。再生水比自来水3个灌溉定额水平的辣椒产量分别高10.4％、8.3％和4.0％；再生水3个处理平均产量比自来水对照处理高22.7％，其中再生水中氮、磷和钾比自来水中分别高171kg/hm^2、4.4kg/hm^{2}和114kg/hm^2，所以再生水灌溉辣椒产量高于自来水灌溉辣椒产量。再生水和自来水灌溉辣椒群体水分生产效率由大到小的顺序为Z1>Z2>Z3和Q1>Q2>Q3。Z1处理比Z2和Z3处理群体水分生产效率分别高5.3％和11.1％。Q1比Q2和Q3处理群体水分生产效率分别高1.4％和3.0％。再生水比自来水3个灌溉定额水平的辣椒群体水分生产效率分别高12.7％、13.4％和1.4％；再生水3个处理平均产量比自来水对照处理高27.5％。

三、品质影响

各处理之间的辣椒素、可溶性糖、维生素C、可溶性蛋白质和硝酸盐具有较大的差异，再生水和自来水不同灌溉定额水平对辣椒的辣椒素含量均差异显著。再生水和自来水灌溉辣椒的辣椒素由大到小的顺序分别为Z2>Z3>Z1和Q2>Q3>Q1；辣椒素随着灌溉定额的增大先增大后减小；Z2处理比Z3和Z1处理辣椒的辣椒素分别高16.0％和229.4％。Q2处理比Q3和Q1处理辣椒的辣椒素分别高46.5％和218.0％。再生水比自来水不同灌溉定额水平辣椒的辣椒素含量分别低31.9％、29.4％和10.9％。再生水3个处理辣椒的平均辣椒素比自来水对照处理低72.2％。因此，再生水对辣椒的辣椒素有抑制作用。

再生水和自来水灌溉辣椒维生素C由大到小的顺序均为Z1>Z2>Z3和Q1>Q2>Q3；Z1处理比Z2和Z3处理辣椒维生素C分别高4.8％和21.22％。Q1处理比Q2和Q3处理辣椒维生素C分别高2.6％和8.3％。再生水比自来水不同灌溉定额水平辣椒维生素C含量分别低5.1％、7.2％和15.2％；再生水3个处理辣椒平均维生素C比自来水对照处理低27.5％。再生水对辣椒维生素C有抑制作用，再生水中钾含量比自来水中高114kg/hm^2，所以再生水灌溉辣椒维生素 C 含量低于自来水灌溉辣椒。

再生水和自来水不同灌溉定额对辣椒的可溶性糖含量均差异显著。再生水和自来水灌溉辣椒可溶性糖由大到小的顺序均为 Z1>Z2>Z3 和 Q1>Q2>Q3；可溶性糖随着灌溉定额的增大而减小；Z1 处理比 Z2 和 Z3 处理辣椒可溶性糖分别高 9.3% 和 14.8%。Q1 处理辣椒可溶性糖比 Q2 和 Q3 处理分别高 6.8% 和 25.3%。再生水比自来水不同灌溉定额水平辣椒的可溶性糖含量分别高 5.0%、2.6% 和 14.6%；再生水 3 个处理辣椒平均可溶性糖比自来水对照处理高 22.2%。辣椒可溶性糖随着灌溉定额的增大而降低，灌水定额相同，再生水灌溉辣椒可溶性糖大于自来水灌溉辣椒。

由单因素方差分析可知（$P<0.05$），辣椒 Z1 和 Z2 处理之间可溶性蛋白质差异显著，Z2 和 Z3 处理之间差异不显著；Q1 和 Q2 各处理之间差异显著，Q2 和 Q3 处理之间差异不显著。再生水灌溉辣椒可溶性蛋白质由大到小的顺序为：Z2>Z3>Z1，自来水灌溉辣椒可溶性蛋白质含量由大到小的顺序为：Q2>Q3>Q1，说明适量增加灌水定额会增加可溶性蛋白质的含量，过多则适得其反。Z2 处理比 Z1 和 Z3 处理辣椒可溶性糖分别高 42.6% 和 6.7%。Q2 处理比 Q1 和 Q3 处理辣椒可溶性蛋白质分别高 50.4% 和 1.6%。再生水比自来水不同灌溉定额水平辣椒的可溶性蛋白质含量分别低 5.6%、10.5% 和 14.7%；再生水 3 个处理辣椒平均可溶性蛋白质比自来水对照处理低 30.8%。说明再生水对辣椒可溶性蛋白质有抑制作用。

再生水和自来水 3 个灌溉定额水平对辣椒的硝酸盐含量均差异显著。再生水和自来水灌溉辣椒硝酸盐由大到小的顺序为 Z1>Z2>Z3 和 Q1>Q2>Q3；硝酸盐随着灌溉定额的增大而减小；Z1 处理比 Z2 和 Z3 处理辣椒硝酸盐分别高 23.1% 和 49.8%。Q1 处理比 Q2 和 Q3 处理辣椒硝酸盐分别高 27.5% 和 72.5%。再生水比自来水 3 个灌溉定额水平辣椒的硝酸盐分别高 49.2%、54.6% 和 71.9%；再生水 3 个处理辣椒平均硝酸盐比自来水对照处理高 175.7%。再生水对硝酸盐有促进作用，施肥可以显著提高辣椒果实中硝酸盐含量；再生水中含有丰富的氮、磷、钾，会增加辣椒果实中硝酸盐含量。

四、叶绿素影响

对辣椒叶绿素影响方面，各处理在缓苗期至果实采收初期叶绿素变化呈上升趋势，开花期到果实采收初期显著升高，之后虽有所下降，但降幅较小。各处理间叶绿素均在果实采收初期达到最大值。在进入采收期后再生水灌溉和自来水灌溉叶绿素最高分别为Z3和Q3，其SPAD值（叶绿素相对含量）为75.4和69.9，随灌溉量增加，叶绿素逐渐增加，Z1和Q1处理叶绿素最小，其SPAD值分别为71.5和68.7，自来水灌溉叶绿素各处理差异不显著，再生水灌溉Z1和Z2处理差异不显著，Z2和Z3差异极显著。进入采收后期，各处理叶绿素均有所下降，但降幅较小。采收后期各处理叶绿素降低不显著。

第二节　不同水质、灌溉定额和施肥量

设置为水质（A1为再生水；A2为再生水与自来水轮灌；A3自来水）、灌水定额（B1为灌水定额90m^3/hm^2；B2为灌水定额135m^3/hm^2；B3为灌水定额180m^3/hm^2）和施肥量（C1为30kg/hm^2；C2为75kg/hm^2；C3为120kg/hm^2）3个因素，以水质为自来水、灌水定额为90m^3/hm^{2}和不施肥为对照，研究滴灌条件下，不同灌溉水质、灌溉定额和施肥量对辣椒在幼苗期、开花坐果期及采收期的生长发育、产量、品质及光合作用等影响。

一、辣椒生长量

辣椒株高增长速度随生育期而变化，各处理组合变化一致，在缓苗期各处理之间的差异并不明显。开花期以后，辣椒的增长速度最大，株高生长出现差距，A1B3C3处理高于其他8个处理，生长结果初期以后辣椒生长速度开始变慢，盛果期开始辣椒几乎停止生长。对照处理为60.5cm，A1B3C3处理为87.9cm，比对照处理高45.3%，各处理差异显著。各处理株高进行极差分析可知，三因素的主次顺序为：灌水定额B>施肥量C>水质A。株高随着灌水量和施肥量的增大均增大。自来水灌溉辣椒株高低于混合水质低于再生水水质。这是由于增大灌水定额促进了植株的新陈代谢，有利于株高的生长，

增大施肥量间接提高了土壤养分，有利于株高生长，再生水含有部分氮、磷元素，有利于植株生长。灌水定额、施肥量和水质对株高影响都极显著。

辣椒茎粗增长速度随生育期而变化，各处理组合变化一致。开花期以后，辣椒的茎粗生长出现差距，A1B3C3 处理高于其他 8 个处理，生长结果初期以后辣椒茎粗生长开始变慢。对照处理为 10.22mm，A1B3C3 处理为 15.38mm，比对照处理高 50.5%。

二、辣椒产量

各处理间辣椒产量具有一定的差异性，其中 A3B3C2 处理辣椒产量最高，为 54 495kg/hm^2，对照处理产量最低，仅为 31 590kg/hm^2，A3B3C2 处理比对照处理高 72.5%。各处理产量进行极差分析可知，三因素的主次顺序为：灌水定额 B> 施肥量 C> 水质 A。辣椒产量随着灌水量的增大而增大，随着施肥量的增大先增大后减小，说明适当地增大施肥量有助于提高产量，施肥量过多会降低产量；自来水灌溉辣椒产量低于混合水质低于再生水水质。

增大灌水定额有利于辣椒生长发育，增加产量；适当施肥有利于增产但过高则适得其反，再生水水质含有氮、磷元素有利于增产，但不宜过量。各因素组合中产量最高为 A3B3C2 组合。

三、品质影响

辣椒品质主要包括辣椒素、维生素 C、可溶性糖、可溶性蛋白及硝酸盐等。

各处理辣椒素含量中，A1B2C2 处理的辣椒素最高，对照处理最低，A2B2C2 处理比对照处理高 194.5%。根据极差分析，各因素的主次顺序为灌水定额 B> 施肥量 C> 水质 A；辣椒素随着灌水定额和施肥定额的增大有先增大后减小的趋势，再生水水质 < 混合水质 < 自来水水质灌溉。适当地增加施肥定额和灌水量有利于提高辣椒素的含量，过多则相反。

各处理维生素 C 含量中，A2B1C2 处理的维生素 C 含量最高，A2B3C1 处理最低，分别为 115.3mg/100g 和 65.8mg/100g。对照处理为 97.2mg/100g，A2B1C2 处理比对照处理高 18.6%，A2B3C1 处理比对照处理低 32.2%。根据极差分析各因素主次顺序为灌水定额 B> 施肥量 C> 水质 A；维生素 C 含量随着灌水定额的增大而减小，随着施肥量的增大先增大后减小。再生水灌溉辣椒维生素 C 含量小于混合水小于自来水灌溉。适当地增加施肥有利于提高辣椒维生素 C 含量，过多则相反。增大灌水定额会降低辣椒维生素 C 含量。

各处理可溶性糖含量中，A3B1C3 处理的可溶性糖最高，A2B3C1 处理最低，分别为 2.5g/100g 和 1.6g/100g。对照处理为 2.1g/100g，A3B1C3 处理比对照处理高 17.6%，A2B3C1 处理比对照处理低 24.3%。根据极差分析可知各因素的主次顺序为施肥量 C> 灌水定额 B> 水质 A；可溶性糖随着灌水定额的增大有减小的趋势，而随着施肥量的增大而增大，再生水灌溉辣椒可溶性糖含量大于混合水大于自来水灌溉。增加施肥定额有利于提高辣椒可溶性糖含量，增大灌水定额会降低辣椒可溶性糖含量。灌水定额和灌水量都对可溶性糖有显著影响，水质对可溶性糖差异不显著。

各处理之间的可溶性蛋白质含量中，A1B2C2 处理的可溶性蛋白质最高，对照处理最低，分别为 1.12g/100g 和 0.22g/100g。A1B2C2 处理比对照处理高 415.2%，根据极差分析可知，各因素的主次顺序为灌水定额 B> 施肥量 C> 水质 A；可溶性蛋白质随着施肥量和灌水定额的增大均先增大后减小。

各处理之间硝酸盐含量方面，A3B1C3 处理的硝酸盐含量最高，A2B3C1 处理最低，分别为 460.19mg/kg 和 246.06mg/kg。对照处理为 313.78mg/kg，A3B1C3 处理比对照高 86.9%，A2B3C1 处理比对照低 21.5%。根据极差分析可知，各因素主次顺序为施肥量 C> 灌水定额 B> 水质 A。硝酸盐随着灌水定额的增大而减小，随着施肥量的增大而增大，再生水灌溉辣椒硝酸盐含量大于混合水大于自来水灌溉。

四、叶绿素影响

通过全生育期叶绿素 SPAD 值可以看出各处理变化趋势一样，均在果实采收初期各处理叶绿素值达到最大值。在结果期 A3B3C2 处理 SPAD 值最大，对照处理最小，A3B3C2 比对照处理高了 13.7%，结果末期辣椒植株生命力下降，叶片凋落，因此叶绿素 SPAD 值降低，综合各个阶段的变化状态，

A3B3C2 处理相对处于一个较高的状态。综合单因素趋势可知，各因素的主次顺序为施肥量 C> 灌水定额 B> 水质 A；叶绿素随着灌水定额的增大而增大，叶绿素随着施肥量的增大先增大后减小，再生水灌溉辣椒叶绿素大于混合水大于自来水灌溉。适当增加施肥定额有利于增大叶绿素 SPAD 值，过大则相反，增大灌水定额会增大叶绿素 SPAD 值。

五、光合作用

不同处理对辣椒净光合速率的日变化呈先上升后下降变化趋势。不同处理辣椒的净光合速率在 10：40 和 14：40 达到两个峰值，12：40 是变化曲线的一个峰谷。对各处理辣椒净光合速率进行极差分析可知，各因素的主次顺序为灌水定额 B> 施肥量 C> 水质 A；净光合速率随着灌水定额的增大有增大的趋势，净光合速率随着施肥量的增大先增大后减小，再生水灌溉辣椒净光合速率大于混合水质大于自来水水质灌溉。适当地增加施肥定额有利于提高辣椒净光合速率，过多则相反，增大灌水定额会增大净光合速率。水质、灌水定额和灌水量都对净光合速率差异极显著，各因素组合为 A3B3C2 为最优组合。

辣椒蒸腾速率的日变化呈先上升后下降的变化趋势。不同处理辣椒的蒸腾速率在 10：40 和 14：40 达到两个峰值，12：40 是变化曲线的一个峰谷。蒸腾速率最小的是对照处理。在两个峰值处，A3B3C2 处理的蒸腾速率比对照处理高 99.5% 和 55.6%。对各处理辣椒蒸腾速率进行极差分析可知，各因素的主次顺序为灌水定额 B> 施肥量 C> 水质 A，蒸腾速率随着灌水定额的增大而增大，蒸腾速率随着施肥量的增大为先增大后减小，再生水灌溉辣椒蒸腾速率大于混合水且大于自来水灌溉。适当地增加施肥定额有利于提高辣椒蒸腾速率，过多则相反，增大灌水定额会增大蒸腾速率。水质、灌水定额和灌水量都对蒸腾速率差异极显著，各因素组合为 A3B3C2 蒸腾速率最高。

辣椒气孔导度的日变化呈先上升后下降的变化趋势，不同处理辣椒的气孔导度在 10：40 和 14：40 达到两个峰值，12：40 是变化曲线的一个峰谷。A3B3C2 处理的气孔导度处于一个最优的状态，气孔导度最小的是对照处理。在两个峰值处，A3B3C2 处理的气孔导度比对照处理分别高了 133.3%

和 153.3％。对各处理辣椒气孔导度进行极差分析可知，各因素的主次顺序为灌水定额 B> 施肥量 C> 水质 A；气孔导度随着灌水定额的增大而增大的趋势，随着施肥量的增大先增大后减小，再生水灌溉辣椒气孔导度 > 混合水质 > 自来水灌溉。

适当地增加施肥定额有利于提高辣椒气孔导度，过多则相反，增大灌水定额会增大气孔导度。灌水定额对气孔导度差异极显著，水质和施肥量对气孔导度影响差异不显著。各因素组合为 A3B3C2 组合气孔导度最高。

辣椒胞间二氧化碳浓度的日变化与净光合速率相反，为“W”形的变化趋势。不同处理辣椒胞间二氧化碳浓度在 10：40 和 14：40 达到两个峰谷值，12：40 是变化曲线的一个峰值。其中，A3B3C2 处理的气孔导度胞间二氧化碳浓度处于一个最优的状态，胞间二氧化碳浓度最小的是对照处理在两个谷值处，A3B3C2 处理的气孔导度比对照处理高 90.1％和 67.5％。对各处理辣椒胞间二氧化碳浓度进行极差分析可知，各因素的主次顺序为灌水定额 B> 施肥量 C> 水质 A；胞间二氧化碳浓度随着灌水定额的增大而增大，随着施肥量的增大先增大后减小，再生水灌溉辣椒胞间二氧化碳浓度大于混合水大于自来水灌溉。适当增加施肥定额有利于提高辣椒胞间二氧化碳浓度，过多则相反，增大灌水定额会增大胞间二氧化碳浓度。灌水定额对胞间二氧化碳浓度差异极显著。各因素组合为 A3B3C2 处理胞间二氧化碳浓度最高。

六、水分利用率

在不同处理对辣椒水分利用率影响方面，由于苗期土壤作物需水量较少，所以各处理土壤含水率变化趋势基本一致，灌前处理 A3B1C3、A3B2C1 和 A3B3C2 在 0.6 ～ 0.8 倍的田间持水率之间，灌后在 0.8 ～ 1.0 倍的田间持水率之间，其他处理灌前在 0.4 ～ 0.8 倍的田间持水率之间，灌后较灌前有所增大，但范围还是在 0.4 ～ 0.8 倍的田间持水率之间；各处理田间含水率最大为 A3B3C2 处理，最小为对照处理。

辣椒各处理需水量、灌溉水分利用效率和水分利用效率最小值分别为对照、A1B3C3 和 A2B3C1 处理，最大值为 A1B3C3、A2B1C2、A2B1C2 和 A3B1C3 处理，A1B3C3 处理的需水量比对照处理高 76％，A1B3C3 处理的灌溉水分利用效率比对照处理低 16.3%，A2B1C2 处理的灌溉水分利用效率比对照处理高 35.3%，A2B3C1 处理的水分利用效率比对照处理低 6.7%，A2B1C2 和 A3B1C3 处理的灌溉水分利用效率比对照处理高 29.5%，综合考虑，A2B1C2 处理为最优处理。

第十四章　辣椒不同埋深管灌溉

辣椒管道埋深灌溉的深度除与滴灌、渗灌、微润管灌和痕量灌溉等不同灌溉类型有关外，还与栽培基质类型或土壤理化性质等诸多因素有关。

研究渗灌栽培作物，渗灌管埋设深度与土壤性质、耕作要求、作物种类及其生理特征等相适应。作物根系生长范围差异会使得各土层深度的水分和养分吸收利用能力不同，从而影响毛细管的埋设深度。从土壤性质角度考虑，通过毛细管作用以灌溉水能充分湿润土壤计划湿润层，而且尽可能降低深层渗漏，此时为最佳埋深。研究发现，当灌溉量相同时，渗灌管埋深为 10 ～ 20cm 时比埋深为 30cm 更利于黄瓜和番茄的生长发育，产量随之增加，水分利用效率明显提高。有研究表明，埋深较深的管道影响植株生长，不利于水分有效利用与运移，玉米生长指标、产量和水分利用效率在毛细管埋深 15 ～ 20cm 时优于其他埋深处理。

为探寻合理的滴头埋深与流量，设置不同滴头坦深和不同流量，研究发现随着滴头埋深的增大，灌水结束后湿润体的垂向湿润长度越长，土壤平均含水率值越小；滴头埋深为 10cm 和流量 1.7L/h 时，湿润体水分分布较为合理。通过对马铃薯的大田试验，灌溉定额和渗灌管埋深均对产量有明显影响，得出灌溉定额为 1 500m/hm^2 和渗灌管埋设深度为 10cm 是最佳灌溉模式。微润带埋深为 20cm 处理的土壤含水率在 20 ～ 30cm 土层范围内比埋深为 10cm 的处理大，向日葵的产量和水分利用效率更高且与其余埋深处理差异显著。有研究滴灌横向和不同灌溉水平对洋葱产量的影响，结果表明，将地下滴灌横向置于 10cm 的土壤深度，可获得最高产量和最大灌溉水利用效率。研究不同毛管埋设对玉米生长影响表明，土壤容重 1.38t/m^3，土壤上黏下壤，pH 值为 8.12，滴灌脊间距为 120 ～ 160cm，埋深 30cm 时，玉米的产量高于其他毛细管间距处理。土壤容重为 1.25g/cm^3，研究滴灌管不同埋置方式对黄瓜生长的影响，发现滴灌管埋深 10cm 处理黄瓜对水分的利用效率最高，同时相对地表处理减少了水分的蒸发损失，降低了温室的湿度和起到了一定的保水作用，有利于黄瓜这类浅根系作物的生长。研究 3 种灌溉方式下苜蓿的生长指标及产量，结果表明埋深为 5cm 的浅埋式滴灌，苜蓿生长指标显著小于埋深 10cm 和 20cm 处理，综合考虑节水和经济效益，10cm 毛细管埋深最佳。与地下滴灌相比，埋深 40cm 的微孔陶瓷渗灌显著改善了苹果树的新芽长度、产量和水分利用效率，分别提高了 15.9%、7.6% 和 14.8%。有研究表明，间接地下滴灌处理的根系分布较地面滴灌均匀，生长方向基本向下延伸，且小于 5mm 根茎的根系根长密度，具有较好的节水增产效果。以辣椒为试验材料，采用微润灌溉方式对作物生长发育进行研究，结果表明，湿润范围内的土壤平均含水率随着埋深越深而逐渐降低，辣椒株高、产量以及灌溉水利用系数在管道埋深为 20cm 时达到最大。研究痕量灌溉管不同埋深对辣椒生长发育的影响不同，其中埋深为 20cm 的处理辣椒生理生长指标及品质明显优于其他处理，水分生产效率最高。

第一节　膜下滴灌无土栽培辣椒

在相同的膜下滴灌定额（8m^3/ 亩）和防渗措施（全断面塑料薄膜）条件下，采用玉米秸秆基质无土栽培和膜下滴灌技术，以不同无土栽培培养地槽深度设 4 个处理：60cm、50cm、40cm 和 30cm（S1、S2、S3 和 S4），以滴灌为对照。辣椒试验在日光温室冬春茬进行。对辣椒生长指标、生理指标和产量的影响进行了研究。

一、土壤含水率

处理 S1 深度为 60cm，其灌前土壤含水率在 0.55 ～ 0.60；S2 的灌前土壤含水率在 0.60 ～ 0.75；S3 的灌前土壤含水率在 0.75 ～ 0.80，S4 比 S3 的土壤含水率略高，其灌前土壤含水率在 0.80 ～ 0.90。

S3 和 S4 土壤含水率的偏高可能是因为在同样灌水定额下，深度浅而又没有渗漏和表层蒸发而致。通过分析，4 个处理基本是在 11 月中旬达到最高值，原因是处于苗期开花期的辣椒需水量不是很多，且培养地槽有防渗膜，使得水分无渗漏，多余的水分积于槽内，导致土壤含水率偏高，到了11月下旬，辣椒处于开花结果前期，需水量渐渐增加，土壤含水率开始减少；随着需水量递增，灌水次数也开始增加，使得结果期的土壤含水率趋于稳定，到后期微微上升可能是由于耗水量小于灌水量时，培养地槽的土壤水分有所囤积，整体水分下限在0.60，水分上限约在0.70。

二、株高和茎粗

从10月22日到11月4日处于苗期的辣椒株高增长速率较高，到了开花结果期，即从11月11日开始，株高的增长速率逐渐减小，趋于稳定。不同处理比较，株高变化与培养低槽深度成反比关系，即深度越深，株高越小，处理S4最高，均值为62.48cm。分别比处理S3、S2、S1和对照高2.12%、4.57%、11.12%和30.05%。但是S4每次增长率较高，且在12月2日之后，增长率才渐渐减小，坐果较晚，而S1、S2和S3各处理均在11月18日左右增长速率渐趋于稳定。即处理S4由于深度浅，在同等灌水定额条件下显得水分充足，在现蕾初期落花落果严重，坐果率较小，因而所有根系吸收的营养都用于植株的营养生长。

茎粗的变化趋势与株高相似。不同处理间比较，以深度为50cm的处理S2的平均茎粗最好，为1.04cm，分别比处理S3、S4、S1和对照高3.41%、6.72%、10.78%和32.43%。说明不同处理对株高和茎粗的影响不一样，茎粗对根系土壤含水量要求较高，土壤含水率过多过少都不利于它的生长。在同等防渗处理和膜下滴灌定额下，地槽深度与土壤含水率成反比，即茎粗的生长需要合适的培养地槽深度，过深过浅都不利于茎粗的增长。处理S4株高最高，但茎粗太细，有徒长的现象，且地槽底部有积水现象。对照试验由于没有做防渗措施，长势最差，说明在沙漠日光温室中，无土栽培辣椒做基质槽防渗处理是必要的。因此，在沙漠温室防渗处理膜下滴灌条件下，无土栽培辣椒的最适合培养地槽深度为50cm。

三、光合作用

辣椒结果期不同的槽深度处理的净光合速率日变化曲线呈双峰状，随着时间的推移，光照的加强，净光合速率逐渐升高，第一个峰出现在13：00左右，此时净光合速率达到最大值，其值由大到小分别为（S2>S3>S4>S1>对照）：22.01μmolCO_2/（m^2・S）、21.16μmolCO_2/（m^2・S）、20.72μmolCO_2/（m^2・S）、19.45μmolCO_2/（m^2・S）和13.39μmolCO_2/（m^2・S），13：30—14：30为午休现象，在15：00又出现第二个峰值。其中S2的日均净光合速率分别比S3、S4、S1和对照增加了8.57%、18.89%、24.10%和58.87%。

随着培养地槽深度的加深，净光合速率、气孔导度、蒸腾速率和胞间CO_2浓度逐渐呈先上升后下降的趋势，在以50cm为深度的处理S2达到最高，其平均净光合速率最高为16.03 μmolCO_2/（m^2・S），比S3、S4、S1和对照分别大19.76%、21.06%、33.46%和49.12%，各处理间差异性显著。当深度达到60cm、各光合指标变小，说明S1处理深度过深，而辣椒属于浅根系作物，在同等灌水定额下，土壤含水量偏低，叶片光合面积变小，使得光合产物减少，从而影响了辣椒的生长。

四、辣椒干物质积累

辣椒植株总干重在一定范围内随着地槽深度的加深而增大，在50cm时达到最高值，为162.99g，分别比S3、S4和对照高出8.18%、31.84%和78.56%。但深度过深（如处理S1）干物质有所减少。同等灌水定额条件下，地槽的深度越深，土壤水分越少；深度越浅，地下部水分越充足。根系特征与地上部分生长密切相关，地上部分的长高与根系的深扎同步。由于辣椒根系较浅，随着深度的加深，土壤含水率渐小，促进根系生长吸收更多水分，地下部分的比重也增大，同时促进了地上部分的生长，从而增加了植株的有机物积累，使得干物质较高。结果显示以50cm为深度的处理S2无论地下部分、地上部分还是植株的总干重，都达到最高。

五、产量影响

随着地槽深度的增大，辣椒产量也逐步升高，表现为 S2>S3>S4>S1> 对照，以 S2 的产量最高，为 2 986.90kg/ 亩，分别比对照、S1、S3 和 S4 高出 161.26%、18.13%、5.50% 和 14.38%。任何作物的高产都离不开一个发育良好的根系。辣椒根系不发达，分布范围小且浅，吸水能力差，开花坐果期要为其营造适宜的环境条件，才能提高坐果率，如果开花坐果期根部土壤水分较多，植株营养生长过旺，消耗养分多，会使花蕾得不到足够的营养而落花落果。不同深度处理亩产量和水分利用效率的对比，以 50cm 为深度的处理 S2 最高，各处理间差异显著。

第二节　痕量灌溉土培辣椒

辣椒种植试验为冬春季在温室内进行。痕量灌溉管埋深分为 4 个水平，即 T1（痕量管埋深 5cm）、T2（痕量管埋深 10cm）、T3（痕量管埋深 15cm）和 T4（痕量管埋深 20cm），试验对照为滴灌。痕量灌溉管不同埋深种植辣椒后，进行其生长形态指标、光合生理指标、品质指标、生物量、土壤含水量以及辣椒产量和水分生产效率等测定。

一、生长指标

辣椒生长过程中，随着时间的变化，其株高、茎粗、叶片面积呈“S”形曲线增加，分枝数呈“J”形曲线增加。辣椒开花期前，各处理间辣椒株高、分枝数无差异，开花期后，各处理间差异性逐渐增加，其中 T2 处理辣椒株高、分枝数表现最差，T4 处理辣椒株高、分枝数表现最高。到盛果期，T4 处理株高较对照处理增加了 4.8%，分枝数表现为 T4>T3>T1> 对照 >T2。开花期前不同处理间茎粗、叶片面积增长的差异性不明显，T2 处理辣椒植株茎粗和叶片面积的生长低于其他处理。至结果盛期，不同处理间茎粗的生长为 T4>T3>T1> 对照 >T2，叶片面积生长为对照 >T4>T3>T1>T2，但 T3、T4 和对照处理间叶片面积差异性不明显。辣椒吸收根主要分布在 10cm 左右深的土壤，滴灌处理和痕量管埋深 10cm 水分供应过多，抑制辣椒的生长，T4 处理生长优于其他处理的关键在于管道埋深合理，土壤通气性好，根系水分和氧分供应充足。所以适当的痕量灌溉管深埋有利于辣椒的生长。

二、生理指标

丙二醛、叶片电导率和细胞膜相对透性等生理指标能够反映植物在生长过程中是否受到不良环境影响，从开花期到结果期叶片中丙二醛和电导率等都增加。在开花期随着痕量灌溉管埋深的增加，叶片中丙二醛含量基本表现出降低的趋势，其中 T4 处理叶片中丙二醛含量显著低于其他处理。叶片中电导率各处理差异性不显著，细胞膜相对透性 T4 处理显著低于对照，不同处理间细胞膜透性表现为对照 >T3>T1>T2>T4。在结果期，T2 处理叶片丙二醛的含量显著高于其他处理，不同处理间叶片电导率差异不显著，T2 处理细胞膜相对透性显著高于 T4 处理，不同处理 T2>T3> 对照 >T1>T4。主要原因是由于辣椒根系木质化程度高，吸收能力弱，滴灌或痕量灌溉管埋设太浅，辣椒根部水分过多，水分会在土壤中形成一层水膜，导致土壤透气性降低，造成一定的胁迫。

三、叶绿素含量

痕量灌溉管埋深处理对辣椒开花期叶片叶绿素含量影响方面，T4 和对照处理叶绿素 a 的含量极显著高于其他处理。T1、T2 和 T3 处理叶绿素 b 含量显著低于 T4 和对照处理。T1 处理叶绿素 a/b 的值基本接近，说明水分影响叶绿素含量，但不影响叶绿素 a/b 的值。叶绿素总量 T4 和对照处理显著高于其他处理，T2 处理叶绿素总量最低，叶绿素 SPAD 值不同处理间差异不显著。辣椒根部水分过多，抑制了根系养分的吸收和运输，导致光合色素含量下降。

痕量灌溉管埋深处理对辣椒结果期叶片色素含量影响方面，叶绿素 a 和类胡萝卜素在不同处理间差异不显著，且 T2 处理叶绿素 a 和类胡萝卜素含量都低于其他处理，T2 处理叶绿素 b 含量显著低于其他处理。叶绿素总量不同处理间为 T4>T1> 对照 >T3>T2，差异不显著，T4 处理较对照处理提高了 12.4%，T3 处理叶绿素 SPAD 值极显著低于其他处理。T4 处理在节水的同时，光合色素的含量未受影响，说明痕量管埋深 20cm 有利于辣椒结果期生长。

四、光合指标

光合指标是植物生理指标中最能反映植物生长状况的内在指标，植物通过光合作用制造生长发育所需要的各种物质，光合能力的强弱往往通过蒸腾速率、净光合速率和气孔导度等指标来衡量。辣椒叶片在结果期的净光合速率均高于开花期，在开花期，对照处理蒸腾速率最低，与其他处理相比差异极显著，叶片气孔导度各个处理间差异不显著。对照处理气孔导度值最低，对照处理净光合速率降低主要是由于滴灌水分充足，呼吸作用过强所导致，胞间 CO_2 浓度 T2 处理极显著低于其他处理，T3 处理胞间 CO_2 浓度最高，对照处理次之。

在结果期，对照处理叶片的蒸腾速率和叶片气孔导度极显著低于其他处理。随着管道埋设深度的增加，胞间 CO_2 浓度呈下降趋势，净光合速率痕量灌溉处理高于滴灌处理，其中 T4 处理净光合速率显著高于其他处理，相比对照提高了 45.3%。

五、土壤含水率

在辣椒开花期土壤含水量影响方面，不同处理土壤含水虽均呈现高低起伏动态变化，但是整体来看，痕量灌溉处理后不同土层的土壤含水量随时间变化的曲线相对比较平缓，而滴灌处理后不同土层的土壤含水量随时间变化波动比较大，滴灌处理后土壤含水量虽基本在各个时间点都高于痕量灌溉处理。在土层深度 10 ～ 15cm 时，T4 处理含水量一直低于其他处理，在 15 ～ 20cm 土层深度土壤含水量 T1 和 T3 低于 T2 和 T4，同时，T1<T3。

辣椒结果期土壤含水量影响方面，不同处理后土壤体积含水量随着时间均呈现动态曲线变化，滴灌每次浇水后表层土壤含水量变化迅速。T1 处理 0 ～ 5cm 土壤含水量整体高于 T2、T3 和 T4 处理，T3 处理在 10 ～ 15cm 土壤含水量整体高于 T1、T2 和 T4 处理，T4 处理 15 ～ 20cm 土壤含水量整体高于 T1、T2 和 T3 处理。因此，管道埋深越浅，土层越深土壤含水量越低。

六、品质影响

果实品质决定果实的商品价值，外观品质的优劣直接影响消费者的消费心理，干净、整洁、大小均匀的外观品质深受消费者青睐，随着痕量灌溉管埋深的增加，辣椒果实长和果肩宽都增加了，不同处理间果实长差异不显著，果肩宽 T1 和 T2 处理显著低于其他处理，不同处理间果形指数差异不显著。T1 和 T3 处理果形指数有所降低。

果实风味和口感决定着人们的消费习惯，随着痕量灌溉管埋深的增加，辣椒果实中的有机酸呈下降趋势，T4 处理可溶性固形物显著高于对照处理。可溶性糖含量为 T3>T4> 对照 >T1>T2。痕量灌溉管埋深处理后果实中维生素 C 含量均显著高于对照处理，其中 T2 处理维生素 C 含量最高。但是在果实中蛋白质含量上，痕量灌溉处理后 T2 和 T3 处理低于对照，T4 处理蛋白质含量显著高于其他处理。

第三节　渗灌土培辣椒

通过在辣椒苗期、开花坐果期、盛果期和后果期 4 个生育时期，设置 4 个土壤水分下限水平 W1（55%、75%、65%、75%）、W2（55%、75%、75%、65%）、W3（65%、75%、65%、75%）、W4（75%、75%、75%、75%）和 3 个地下渗灌管埋设深度 D1（0cm）、D2（10cm）和 D3（20cm）试验，研究土壤水分下限和渗灌管埋深对辣椒生长发育及水分利用效率影响，分析辣椒全生育期和各阶段耗水特征和土壤水分分布情况，确定大田种植辣椒适宜土壤水分下限值和渗灌管埋设深度，为辣椒水分利用效率提供理论依据。

一、辣椒耗水特征的影响

相同土壤水分下限处理下，0 ～ 10cm 土层土壤含水率表现为：D2>D3>D1，10 ～ 20cm 土层土壤含水率表现为：D3>D2>D1。在不同土层各处理土壤含水率变化趋势基本相同，土层土壤含水率变化幅度从大到小依次为 0 ～ 30cm、30 ～ 40cm 和 40 ～ 60cm。土壤水分下限最高时，在 0 ～ 40cm

土层范围内辣椒土壤含水量均处于较高的水平，40 ～ 60cm 土层土壤含水率变化较小，水分相对较低。随着渗灌管埋深的增加，出现土壤最大含水率的土层加深，地下渗灌的埋深均提高了水平方向上土壤含水率，地下渗灌铺设位置处的土壤含水率较高。D2 处理有利于提高 0 ～ 10cm 土层的土壤含水率；D3 处理有利于提高 10 ～ 30cm 土层的土壤含水率。在 W1、W2 和 W3 条件下，渗灌管埋深对辣椒耗水量有明显影响，D3 处理有利于辣椒耗水量的增加。在各阶段进行土壤水分下限调控对 0 ～ 40cm 土层土壤含水率影响明显。随着土壤水分下限的降低，辣椒加大对 30 ～ 40cm 土层内的水分消耗，各处理土壤含水率在 50 ～ 60cm 土层差异较小。

不同处理辣椒各生育期耗水量随着生育期的推进呈现出先增加后减小的变化趋势，其中 D1W4 处理在盛果期耗水量达到 143.02mm，在辣椒全生育期中，辣椒盛果期水分需求量最大。不同渗灌管埋深的耗水量表现为 D1>D2>D3，管道埋深对辣椒耗水量的影响较弱，耗水量差异较小；在同一埋深条件下，辣椒全生育期耗水量表现为 W4>W2>W3>W1，各生育阶段不同水分下限调控均明显降低了辣椒耗水量，耗水量随着土壤水分下限的降低逐渐减小，说明土壤水分下限是影响辣椒耗水量的主要因素。

相同土壤水分下限和渗灌管埋深处理下，各生育期作物日耗水强度和耗水模数随生育期的推进均表现出先增加后减小，从大到小依次为盛果期 > 后果期 > 开花坐果期 > 苗期，盛果期辣椒耗水最大，这主要是因为到盛果期气温较高，水分蒸发加大，辣椒开始大量结果。土壤水分下限会明显影响各生育期日耗水强度和耗水模数，地下渗灌管埋深对辣椒日耗水强度和耗水模数影响并不大。

二、辣椒生长指标

辣椒株高随着生育期的推进逐渐增加，土壤水分下限和渗灌管埋深对株高产生较大影响。不同处理下辣椒株高的变化范围在 62.60 ～ 96.40cm，D3W4 处理株高最大，为 96.40cm，D3W3 处理次之。自苗期至开花坐果期，辣椒的株高生长缓慢；开花坐果期到盛果期，辣椒株高的生长速率最快，在盛果期达到峰值；之后在盛果期到后果期生长速率逐步降低，后趋于稳定。

同一渗灌管埋深条件下，不同梯度的土壤水分下限均能影响辣椒株高，土壤水分控制下限越低，株高越小，说明辣椒在生长发育过程中株高对土壤水分变化非常敏感。采用相同土壤水分下限时，埋深 20cm 辣椒株高最高，渗灌埋深 20cm 处理辣椒株高明显高于渗灌埋深 0cm 处理。

辣椒茎粗在全生育期内增长趋势表现为：苗期缓慢增长，开花坐果期迅速增长，盛果期逐步趋于稳定。土壤水分下限和渗灌管埋深均会显著影响辣椒茎粗。苗期辣椒茎粗增长缓慢，各处理之间差异不明显。从开花坐果期至后果期辣椒茎粗出现明显差异，其中 D3W4 处理茎粗最大，为 16.67mm，D3W2 处理次之。同一渗灌管埋深条件下，在辣椒各生育期内充分灌水处理的辣椒茎粗始终保持在最高水平，苗期和盛果期土壤水分下限降低会导致辣椒的茎粗较充分灌水处理明显下降，并且灌水控制下限越低，茎粗越小。在同一土壤水分下限水平下，在一定范围内辣椒茎粗随着渗灌管埋深的增大而增加，渗灌管埋深在 D3 处理时，辣椒茎粗高于 D1 处理。

不同土壤水分下限和渗灌管埋深处理下，辣椒叶面积指数的变化与株高和茎粗变化相似。叶面积指数在不同时期的各处理之间存在较大差异，D3W4 处理的辣椒叶面指数最大，为 1.37，D3W2 处理次之。全生育期土壤水分控制下限最高的处理辣椒叶面积指数始终处于最高水平，不同生育期不同土壤水分下限均能抑制辣椒叶面积指数增长速率，但辣椒在后果期叶面积指数的增长在适宜的水分下限条件下影响差异不明显。采用相同土壤水分下限时，伴随辣椒生育期的推移，辣椒叶面积指数在各埋深处理下差异不大，在埋深 20cm 时达到最大值。

相同渗灌管埋深条件下，在一定范围内，辣椒干物质积累量随着土壤水分控制下限的升高而增大，其中 D3W4 处理干物质量最大，为 206.79g，D2W4 处理次之。相同土壤水分下限条件下，辣椒干物质积累量随着地下渗灌管埋深的增大而增大。

相同渗灌管埋深条件下，调控辣椒土壤水分下限的时期和程度，对辣椒收获指数影响显著，苗期 55% 的土壤水分下限能显著提高辣椒收获指数，其余处理不会显著提高辣椒收获指数。相同土壤水分下限条件下，各处理辣椒收获指数表现为埋深 20cm> 埋深 10cm> 埋深 0cm，埋深 20cm 处理与埋深

10cm 处理无显著性差异。

三、辣椒产量及水分利用效率

充分灌水 W4 可促进辣椒平均单株结果数的增加，D3 处理的辣椒平均单株结果数最大，为 26.05 个，与 D1W4、D2W4 和 D3W2 无显著差异（$P>0.05$）。D3W2 的平均单果重最大，为 28.75g，与 D3W4 处理差异显著（$P>0.05$）。土壤水分下限为 W1 时，平均单果重表现为 D2>D3>D1，土壤水分下限为 W2、W3 和 W4 时，各处理的平均单果重均表现为 D3>D2>D1。在同一渗灌埋深下，灌水控制下限对辣椒单果重产生明显影响，W2 处理的辣椒平均单果重最大。

不同土壤水分下限和渗灌管埋深对辣椒产量的影响差异显著（$P<0.05$），各处理 D3W4 的产量最高，为 38 177.73kg/hm^2，与 D3W2 和 D2W3 处理无显著（$P>0.05$）差异，D1W1 处理最低。同一灌水控制下限条件下，各处理表现为：埋深 D3>D2>D1，其中 D2 可促进辣椒根系生长深扎，辣椒根部能更好地利用水分和养分，提高辣椒产量。在同一埋深条件下，各处理辣椒产量均表现为：W4>W2>W3>W1，辣椒产量随灌水量的增大而增大，在开花坐果期进行水分亏缺处理对辣椒产量影响显著。从节水的角度出发，D3W2 处理有利于辣椒产量的提高。

在 W1 条件下，辣椒水分利用效率随管道埋深的增加呈先减小后增大的趋势，在 W2、W3 和 W4 条件下，辣椒水分利用效率随管道埋深的增加而增大，D3 处理水分利用效率高于 D1 和 D2 处理。在相同管道埋深条件下，W2 处理更有利于提高地下渗灌辣椒水分利用效率。在埋深 20cm 的条件下苗期 55%和后果期 65%的处理水分利用效率最高，为 10.71kg/m^3，比 D3W4 处理显著（$P<0.05$）高 8.29%。说明合理调控土壤水分下限，与地下渗灌管埋深 20cm 相结合，是辣椒增产和提高水利用效率的有效途径。

D3W2 处理的灌溉水利用效率最高，为 14.08kg/m^3，与其他处理均有显著差异（$P<0.05$），D1W4 处理的灌溉水利用效率最低，为 11.90kg/m^3。相同土壤水分下限条件下，辣椒灌溉水利用效率随着渗灌管埋深的增加呈逐渐增大的趋势，D3 处理可以提高辣椒灌溉水利用效率。相同渗灌管埋深条件

下，W2 处理在不显著降低产量的情况下，有利于辣椒灌溉水利用效率的显著提高。

第四节　微润管土培辣椒

地下灌溉的管带埋深需根据土壤物理性质、作物根系分布情况以及耕作措施等来确定。土壤物理性质不同，水分在土壤中运移规律不同。适宜的管带埋深应能保证灌溉水充分湿润土壤计划湿润层，并使深层渗漏量最小。在压力水头为 150cm，比较微润灌溉管带埋深 10cm（D10）、15cm（D15）和 20cm（D20）共 3 种管带埋深对辣椒生长的影响，进行温室栽培辣椒根区土壤水分变化以及其株高、产量和灌溉水分利用效率进行测定。

一、土壤水分分布

D10 处理在地表处的土壤水分含量最高，容易产生水分蒸发，造成水分损失，而 D15 和 D20 处理对地表处土壤含水率影响不大。三个处理在微润管处含水量分别为 39%、37% 和 36%，D10、D15 和 D20 处理水平方向 80% 田间持水率分别出现在距管 8cm、6.5cm 和 6cm 处；管带上方 80% 田间持水率分别出现在距地面 2cm、7cm 和 12.5cm 处；管带下方 80% 田间持水率分别出现在距地面 20cm、24cm 和 29cm 处。在固定压力水头下，管带埋深越深，土壤的平均含水率越低，湿润范围相应减小。3 个处理在距地表 0 ～ 5cm 范围内的平均含水率分别为 23.1%、16.8% 和 13.0%；10 ～ 20cm 范围内平均含水率分别为 23.3%、26.3% 和 24.5%；25 ～ 40cm 范围内平均含水率分别为 18.9%、21.1% 和 22.4%。在生育期内不同土层平均含水率变化幅度不大。0 ～ 10cm 内 D10 处理平均含水率最高，土壤含水率主要分布在 23% 左右，三组处理间差异较大；10 ～ 20cm 内 D15 处理平均含水率最高，土壤含水率主要分布在 26% 左右，且各处理间差距减小；20 ～ 40cm 内 D20 处理平均土壤含水率最高，含水率主要分在 22% 左右，D15 处理与 D20 处理间差异较小。

二、辣椒株高生长

管带埋深对辣椒株高增长影响不显著（P>0.05）。D20 处理株高增长到 119.8cm，分别高出 D15 和 D10 处理的 10% 和 10.3%，差异达显著水平。这是因为，在生育期前期，辣椒根系不发达，且主要分布在地表附近，而 D10 时微润管的湿润体分布在地表附近，能有效地为辣椒供水。在生育期中期，D10 处理辣椒根系主要分布于 4 ～ 16cm，D15 处理辣椒根系主要分布于 6 ～ 17cm，D20 处理辣椒根系主要分布于 7 ～ 21cm。可见，随着辣椒的生长，辣椒根系不断向下延伸，D15 和 D20 的处理的土壤水分得以充分利用。随着辣椒生育期推进，根系不断生长，D15 和 D20 处理的土壤水分得以充分利用，而 D20 处理有利于辣椒根系的深扎，使得辣椒根系分布范围增大，充分利用周边土壤中水分和养分，促使辣椒生长更快。在生育前期，不同管带埋深下辣椒株高生长速率变化表现为，生育前期 D20 处理辣椒株高生长率最大，随着辣椒的生长，不同处理间的差异逐渐缩小，直至接近于零。这是因为，定植初期辣椒根系主要分布于地表 5cm 范围内，D20 处理微润管主要湿润范围位于距地表 10 ～ 30cm 内，这样的水分分布能诱导辣椒根系深扎，促进辣椒生长。随着生育期的延长，辣椒根系发展成熟，分布范围较广，各处理间辣椒株高生长速率没有明显差异。

三、辣椒茎粗生长

管带埋深对辣椒茎粗增长具有极显著影响（P<0 01）。3 个处理辣椒株高长势呈现相同的趋势，在生育前期 D10 处理茎粗增长较快，定植 40d 后 D20 处理茎粗生长大于其他两个处理。D20 处理茎粗增长到 2.17cm，分别高出 D15 和 D10 处理 5% 和 5.9%；说明管带埋深 20cm 最有利于辣椒茎粗生长。

四、辣椒产量

管带埋深对辣椒产量增长具有显著影响（P<0.05）。3 组试验中，D20 处理辣椒产量最高，D10 处理产量最低。D20 处理产量为 20 020.98kg/hm^2，分别高出 D15 和 D10 处理 6% 和 15.9%。这是因为，辣椒根系主要分布在地表

以下 10 ～ 20cm 处，管带埋深 10cm 时，微润灌湿润体分布在地表附近，不利于作物根系向下生长，导致辣椒营养不足；而管带埋深 20cm 能保持辣椒根系在微润管湿润范围内，并诱导辣椒根系深扎，为辣椒的正常发育提供良好的水分条件，有利于辣椒水肥的吸收，达到增产效果。

五、灌溉水生产率

管带埋深对辣椒产量增长具有极显著的影响。D20 处理水分利用效率最高，D10 处理灌溉水生产率最低。D20 处理灌溉水生产率为 13.76kg/m^3，分别高出 D15 和 D10 处理 16.4% 和 27.3%。这是因为，管带埋深为 20cm 时，土壤水分直接供给辣椒根系，没有产生深层渗漏和地表蒸发，而管带埋深为 10cm 时，湿润体分布在地表附近，产生了无用的水分蒸发，导致灌溉水生产率降低。

第十五章　辣椒不同压力灌溉

辣椒不同压力灌溉包括微润管灌溉、小流量微压滴灌以及连续负压供水等。在微润灌溉中，供水压力决定了地下渗灌土壤水分初始入渗率和累积入渗量，且初始入渗率与累积入渗量与供水压力成正比。在微润灌压力水头对土壤水分运移的影响研究方面：通过室内土箱模拟微润灌溉压力水头对出流量的影响，发现微润管渗透流量与工作压力呈线性关系，同时微润管在空气中的出水流量也符合同样规律；微润袋在空气中出流时，压力水头增大，微润袋单位时间的渗水量也随之增加；微润灌溉不同入渗时刻水分运动的主要驱动力不同，土壤水势吸力在入渗过程中所起作用时间随压力水头的增加而减小，且随着工作压力水头的增加，入渗系数增大，土壤平均含水率越高，湿润体范围越大；通过室内试验得出，入渗时间相同时，湿润锋（指水分下渗过程中，土壤被湿润的先头部位与干土层形成的明显交界面）的推进速度和距离均随着压力水头增加而增大；有研究表明，微润灌溉工作压力水头至少需要 2m 才能保证作物正常生长；压力水头是影响微润灌溉土壤水分运移的关键因素，供水压力水头的增加导致微润管内外水势差增加，入渗动力增加，提高入渗速率，压力水头减小时微润管内外水势差减小，入渗动力减小，入渗速率随之减小。

为了与传统的滴灌系统相区别，把滴头设计压力取值为 10m 及以上的滴灌系统称为常规滴灌系统，将滴头设计压力取值为 5 ～ 10m 的滴灌系统称为低压滴灌系统，而把滴头的设计水头不大于 5m，既能满足灌溉要求，又没有能量浪费或闲置的新型滴灌系统定义为微压滴灌系统。通过同步降低滴灌系统的工作压力和适当增大管径的技术途径来实现既降低系统成本又保证系统灌溉质量的双重目标，这是微压滴灌技术的理论基础。在灌水器设计流量及系统各级管道的管径和长度保持不变的情况下，降低滴灌系统的工作压力会对系统的灌水质量产生一定的影响，因此在微压条件下，需通过适当地增大管径来保证系统的灌溉质量，然而增大管径又可能会带来系统成本的上升，这是一对矛盾，虽然在微压条件下，由于系统工作压力的降低，各级管道要求的承压能力减小，采用较小的壁厚就能满足承压要求，这在一定的程度上又可以降低系统的投资，但是为了保证管道的安全性及受现有工艺水平的限制，管道壁厚减小的空间还是有限的，并不能达到理论壁厚的水平。分析原有微压滴灌基础理论所存在的问题，指出在微压条件下，受管道安全性、现有工艺水平及管道施工铺设的限制，管道壁厚减小的幅度是有限的，如果单纯通过增大管径来保证系统的灌水质量，就有可能使管径过大，从而会影响微压滴灌系统的廉价性。有研究针对上述存在的问题，以水力学为基础，分析灌溉质量与压力、毛管长度、毛管管径及灌水器设计流量等参数之间的关系，指出在滴灌系统工作压力降低后可以通过同步增大管径、减小灌水器设计流量来保证系统的灌溉质量，并在微压滴灌的基础上进一步提出了小流量微压滴灌的理念，同时论证了小流量微压滴灌的经济可行性。结果表明：在增大管径的同时，如果灌水器再采用较小的设计流量，那么只需有限地增加管径就能保证系统的灌水质量，不但能使微压滴灌系统的成本较传统滴灌系统的成本大幅度降低，而且能使系统成本在原微压滴灌系统成本的基础上进一步降低。

连续负压供水系统是一个密闭的装置。从能量讲，当系统达到平衡且不存在水分流动时，供水桶内水势与土壤基质势存在对应关系，即供水负压可表示为土壤基质势。在试验过程中，植物主动吸水，打破了这种平衡关系，土壤基质势小于供水负压，灌溉水自动补给植株根层土壤，使得全生育期内土壤水分含量处于动态的变化过程。国内外学者对利用负压灌溉的概念进行了理论上的探索，并在此基础上验证了负压灌溉的可行性。有将负压灌溉应用于生产实践中，证实了负压灌溉具有节水、高效和节能的灌溉效果。研究利用连续负压供水装置种植烤烟，结果表明当负压在 –20 ～ –10kPa 时烤烟生长发育最佳，品质积累较好。同样采用负压供水措施的方法，还对大豆及菠菜生理学机制、玉米产量及耗水量和番茄生长发育进行过报道。

第一节 微润管不同压力灌溉

水分是作物生长发育过程中必不可少的因素。因此，微润灌溉技术参数对水分分布的影响直接关系到作物的生长发育。通过室内土箱模拟试验就微润灌溉条件下压力水头对土壤水分分布的影响。在生产实践中，微润灌溉条件下田间土壤水分运移是一个复杂的过程，因此，通过温室种植辣椒，设计3种压力水头（H100、H150和H200）下辣椒根区土壤水分变化以及其株高、产量、灌溉水分利用效率等进行试验。

一、土壤水分分布

随着压力水头的增加，微润管湿润范围随之增加。在管带埋深15cm时，H100、H150和H200处理在微润管处含水量分别为34%、37%和38%；在水平方向80%田间持水率分别出现在距管6cm、7.5cm和9cm处；在管带上方80%田间持水率分别出现在距管11cm、12cm和12.5cm处；在管带下方80%田间持水率分别出现在距地面23cm、24cm和24.5cm处；3个处理在距地表0～5cm范围内的平均含水率分别为16.5%、16.8%和17%；10～20cm范围内平均含水率分别为24.3%、26.3%和27.1%；25～40cm范围内平均含水率分别为18.9%、21.1%和21.3%。可见，湿润体内平均含水率随着压力水头的增加而增加。

二、辣椒株高生长

管带埋深一定时，不同压力水头对辣椒株高增长有显著影响。压力水头为150cm时辣椒株高增长最大。管带埋深为10cm时，H150处理的辣椒株高增长到107.4cm，H200处理的株高与之相近，比H150处理低0.2cm。H100处理辣椒株高最小，与H150处理相差4.9cm。管带埋深为15cm时，H150处理的辣椒株高增长到107.6cm，H200处理的株高与之相近，比H150处理低0.3cm。H100处理辣椒株高最小，与H150处理相差5.9cm。管带埋深为20cm时，H150处理的辣椒株高增长到119.8cm，H200处理的株高与之相近，比 H150 处理低 4.6cm。H100 处理辣椒株高最小，与 H150 处理相差 17cm。在整个生育期，H150 和 H200 处理辣椒株高呈现交替变化，但始终高于 H100 处理。可见，埋深一定时，压力水头 150cm 辣椒株高增长最大，压力水头为 100cm 辣椒株高增长最小。

由辣椒株高生长速率随时间变化图可以看出，在生育前期，不同压力水头下辣椒株高生长速率随压力水头的增加而增大。这是因为，生育前期辣椒根系不发达，H200 处理的湿润范围大且平均土壤水分含量较高，更容易让作物吸收，促进辣椒生长。随着辣椒的生长，不同处理间的差异逐渐缩小。这是因为，生育后期辣椒根系生长成熟，分布范围增大，可以主动从微润管湿润范围内适时适量的吸收辣椒生长所需土壤水分。

三、辣椒茎粗生长

压力水头对辣椒茎粗增长具有极显著影响（$P<0.01$）。管带埋深一定时，H100 处理辣椒茎粗增长量最小。在生育前期，各处理间没有明显差异。随着辣椒的生长，H150 处理辣椒茎粗增长表现出明显优势。进入开花期后，H150 和 H200 处理的辣椒茎粗表现出交替增长的趋势，增长差异不大，但始终大于 H100 处理的辣椒茎粗。这是因为，在定植初期受地面灌溉影响，各处理没有明显差异，定植 20d 后，作物生长所需水分主要来源于微润灌溉，H100 处理微润带供水量小于辣椒需水量，导致辣椒缺水，抑制其正常生长。辣椒进入开花期，需水量逐渐增大，H100 处理辣椒表现为缺水状态，而 H150 和 H200 处理微润带供水量能满足辣椒生长要求，促进辣椒生长。

四、辣椒产量影响

不同压力水头处理对辣椒产量增长具有显著影响。各处理产量差异均表现 H150>H200>H100。管带埋深为 10cm 时，H150 处理辣椒产量为 16 818.88kg/hm^2，高出 H100 处理 16.5%；管带埋深为 15cm 时，H150 处理辣椒产量为 18 811.89kg/hm^2，高出 H100 处理 20.9%；管带埋深为 20cm 时，H150 处理辣椒产量为 20 020.98kg/hm^2，高出 H100 处理 20.9%。H150 处理和 H100 处理间差异都达到显著水平。两组埋深设置下，压力水头为 200cm 处理的辣椒产量与 H150 处理差异不显著。辣椒生育期前期根系主要分布在地表 5cm 附近，在此时 H100 处理 0 ～ 5cm 平均含水率较小，对辣椒产生了水分胁迫，随着辣椒的生长，根系不断地延伸，H100 处理虽能满足辣椒生长的正常用水，但因为前期水分胁迫导致辣椒产量下降；H150 处理的湿润范围为半径 15cm 的球体，与辣椒根系分布范围相吻合，促进了辣椒增产。除此之外，H150 处理微润管湿润范围内平均土壤水分含水率达到田间持水率的 72%，相关研究表明，土壤含水量为田间最大持水量的 70% ～ 80% 时对辣椒生长最为适宜。H200 处理的湿润范围虽比 H150 处理的湿润范围大，但其微润管湿润范围内平均土壤水分含水率为田间持水率的 74%，相较 H150 处理差异不显著，对产量的影响较小。

五、灌溉水生产率

不同压力水头对辣椒灌溉水生产率的影响方面，压力水头对辣椒产量增长具有极显著的影响。3 个处理灌溉水生产率差异均表现为 H100>H150>H200。管带埋深为 10cm 时，H100 处理辣椒灌溉水生产率为 14.07kg/m^3，分别高出 H200 和 H150 处理的 37.3% 和 28.8%，管带埋深为 15cm 时，H100 处理辣椒灌溉水生产率为 15.99kg/m^3，分别高出 H200 和 H150 处理 33.2% 和 28.1%；带埋深为 20cm 时，H100 处理辣椒灌溉水生产率为 20.11kg/m^3，分别高出 H200 和 H150 处理 20.4% 和 30.03%。3 组处理间差异都达到显著水平。管带埋深一定时，H100 处理灌溉水生产率最高；压力水头越大灌溉水生产率越低。这是因为，压力水头越大，微润管出流量就越大，湿润体平均含水率越高，当作物生长需水量小于供水量时，土壤水分就会产生蒸发和渗漏等，降低了灌溉水生产率；当压力水头较小时，土壤平均含水率相对较低，土壤水分多数由作物吸收，避免了不必要的水分损失，提高了灌溉水生产率。

第二节　小流量微压滴灌

小流量微压滴灌不仅对降低系统成本和提高系统灌溉质量有着重要的作用，而且当灌水量相同时，小流量滴灌与大流量滴灌在湿润锋运移、湿润体的形状以及湿润体内部含水率的分布明显不同，对作物的生长和耗水产生重要影响，进而最终影响作物的产量和水分利用效率。通过盆栽辣椒试验，研究了不同的滴头流量、灌水定额及灌水周期对辣椒的株高、茎粗、叶绿素相对含量、光合作用、产量及水分利用效率的影响，为开发小流量微压滴灌系统提供理论依据。

一、株高及茎粗

辣椒的株高随着生长时间的延长呈增加的趋势，对于不同的处理而言，都具有同一规律：在辣椒生育期的前期，植株生长迅速，株高增长较快，但是到了生育期的后期，株高增长非常缓慢，几乎不再增长。在相同的灌水定额下，对照处理（滴头流量为2L/h）的株高均小于其他3种滴头流量处理（滴头流量为0.5L/h、1L/h和1.5L/h）；在灌水定额为1.5L，且其他3种处理的灌水周期也与对照处理相同时，对照处理的株高与其他3种处理的株高较为接近，但是在灌水定额为1.5L且其他3种处理的灌水周期与对照处理不相同时，以及在灌水定额为1L和0.5L这3种情况下，对照处理的株高与其他3种处理之间的差异稍微大一些，而其他3种处理的株高较为接近。滴头流量对辣椒株高的影响并不显著，也就是说，在灌水定额相同时，其他3种不同滴头流量处理的株高与对照处理之间的差异并不显著，滴头流量的不同对辣椒株高影响并不明显。在相同的滴头流量下，不同灌水定额处理下的辣椒株高之间的差异并不显著，也就是说，采用不同的灌水定额对辣椒株高的影响不是很明显。滴头流量和灌水定额对辣椒茎粗的影响规律与滴头流量和灌水定额对辣椒株高的影响规律相同，即辣椒的茎粗随着生长时间的延长呈增加的趋势，在辣椒生育期的前期，植株生长迅速，茎粗增长较快，但是到了生育期的后期，茎粗增长非常缓慢，几乎不再增长。滴头流量和灌水定额对辣椒茎粗的影响并不显著。

二、叶绿素含量

叶绿素是植物光合作用的必要条件，其含量在一定程度上影响植物的光合速率，并最终影响作物产量。除滴头流量为1.5L/h且灌水定额0.5L处理外，其他处理下的叶绿素含量均高于对照处理。滴头流量为 0.5L/h 的 4 个处理的叶绿素含量的平均值为 27.2，较对照处理高出 25.13%；滴头流量为 1L/h 的 4 个处理的叶绿素含量的平均值为 28.5，较对照处理高出 31.18%；滴头流量为 1.5L/h 的 4 个处理叶绿素含量平均值为 25.3，较对照处理高出 16.72%；这说明采用较小滴头流量能提高辣椒叶绿素含量，从而为提高辣椒产量奠定基础。

三、光合作用

光合作用是植物生产力构成的最主要因素，研究植物光合作用有助于采用适当措施提高植物光合能力，从而提高产量。滴头流量为 0.5L/h 的 4 个处理平均光合速率为 18molCO_2/（m^2·s），滴头流量为 1L/h 的 4 个处理平均光合速率为 18.75μmolCO_2/（m^2·s），滴头流量为 1.5L/h 的 4 个处理平均光合速率为 15.35μmolCO_2/（m^2·s），对照处理的平均光合速率为 14.7μmolCO_2/（m^2·s），因此，滴头流量越小，其光合速率越大。滴头流量对光合速率影响呈显著水平，说明小流量滴灌能提高辣椒光合能力，从而为提高其产量奠定一定基础。滴头流量比对照处理小的其他各处理叶片蒸腾量较对照处理有所增加，但其幅度并不是很大，滴头流量对叶片蒸腾影响呈不显著水平；另外，从叶片水分利用效率上来看，仍然是滴头流量较小的处理叶片水分利用效率高。

四、产量及生物量

辣椒成熟后，测定各处理下的单果重、坐果数和总产量；辣椒全部收获后，收集其叶和茎秆，挖掘其根系，并用水冲洗干净，然后将叶、茎秆和根系一起置于烘箱中，烘至质量不再变化时取出，测定各处理下辣椒根、茎和叶的干重及总生物量。

植株坐果数与单果重直接影响着作物的产量，增加坐果数和提高单果重都有利于产量的提高。就单果重而言，对照处理单果重最小，仅为 2.02g，滴头流量为 0.5L/h 的 4 个处理平均单果重为 2.74g，滴头流量为 1L/h 的 4 个处理平均单果重为 2.59g，滴头流量为 1.5L/h 的 4 个处理平均单果重为 2.72g，对照处理单果重明显小于滴头流量为 0.5L/h、1L/h 和 1.5L/h 处理下的平均单果重，且差异较大，而这 3 种不同滴头流量处理下平均单果重比较接近，它们之间差异并不明显，这说明减小滴头流量在一定程度上可以提高辣椒单果重，但是当滴头流量减小到一定程度时，其提高辣椒单果重的作用就不明显了。就坐果数这一指标而言，对照处理坐果数为 11 个，滴头流量为 0.5L/h 的 4 个处理平均坐果数为 18.67 个，较对照处理增幅为 69.68%；滴头流量为 1L/h 的 4 个处理平均坐果数为 14.42 个，较对照处理增幅为 31.05%；滴头流量为 1.5L/h 的 4 个处理平均坐果数为 13.75 个，较对照处理增幅为 24.98%；这说明采用较小滴头流量滴灌有利于辣椒坐果数的增加，从而提高产量。

从产量上来看，对照处理的产量最低，滴头流量比对照小的其他各处理产量较对照处理产量均有不同程度提高，在滴头流量为 0.5L/h 的 4 个处理中，除灌水定额为 1.5L 处理外，其他 3 个处理的产量增幅都很明显，分别较对照处理增加 172.82%、143.32% 和 108.70%，均超过 100%；而在滴头流量为 1L/h 的 4 个处理及滴头流量为 1.5L/h 的 4 个处理中，除 0.5L 和 1.5L 灌水定额 2 个处理产量增幅超过 100%，其他 6 个处理产量增幅都不是很高，均未超过滴头流量为 0.5L/h 和 1.5L 灌水定额处理。滴头流量为 0.5L/h 的 4 个处理平均产量为 50.81g，较对照处理增加 125.91%；滴头流量为 1L/h 的 4 个处理平均产量为 36.99g，较对照处理增加 64.46%；滴头流量为 1.5L/h 的 4 个处理的平均产量为 36.27g，较对照处理增加 61.28%。小流量滴灌能提高作物产量，主要是因为：当灌水量相同时，小流量滴灌形成的湿润体内平均含水率比大流量滴灌形成的湿润体内平均含水率要小，另外小流量滴灌也不易使地表结皮，这些都能使土壤始终保持良好的通气性，有利于作物的生长。

五、水分利用效率

作物水分利用效率是单位水量消耗所生产的经济产品数量，由相同面积上的经济产品总量除以消耗的总水量。从水分利用效率来看，对照处理最低，仅为 1.21 g/L，滴头流量比对照小的其他各处理水分利用效率较对照处理均有不同程度的提高，在滴头流量为 0.5 L/h 的 4 个处理中，除 1.5L 灌水定额处理外，其他 3 个处理的水分利用率的增幅都很明显，分别较对照处理增加

156.91%、166.69% 和 149.64%；而在滴头流量为 1L/h 4 个处理中的 0.5L 灌水定额以及滴头流量为 1.5L/h 4 个处理中的 1.5L 灌水定额，该 2 个处理的水分利用效率增幅比较大，分别为 144.69% 和 116.54%。而其他 6 个处理的水分利用效率的增幅都不是很高，均未超过滴头流量为 0.5L/h 和灌水定额为 1.5L 处理的水分利用效率增幅。滴头流量为 0.5L/h 的 4 个处理平均水分利用效率为 2.91g/L，较对照处理增幅为 140.29%；滴头流量为 1L/h 的 4 个处理平均水分利用效率为 2.17g/L，较对照处理增加 79.13%；滴头流量为 1.5L/h 的 4 个处理平均水分利用效率为 2.09g/L，较对照处理增加 72.93%，这说明采用较小的滴头流量进行滴灌，对提高辣椒水分利用效率作用显著。

从灌水总量上来看，对照处理的灌水总量为 18.55L，而滴头流量为 0.5L/h 的 4 个处理、滴头流量为 1L/h 的 4 个处理以及滴头流量为 1.5L/h 的 4 个处理，其平均灌水总量分别为 17.49L、17.22L 和 17.22L，较对照处理略有减小，但是幅度不大，这说明采用较小滴头流量进行滴灌具有一定的节水作用，但是效果不是很明显。灌水定额为 0.5L 的 3 个处理平均总灌水量为 15.69L，灌水定额为 1L 的 3 个处理平均灌水总量为 15.97L，灌水定额为 1.5L 的 7 个处理平均灌水总量为 18.71L；从蒸发总量上来看，灌水定额为 0.5L 的 3 个处理平均蒸发总量为 15.1L，灌水定额为 1L 的 3 个处理平均蒸发总量为 15.22L，灌水定额为 1.5L 的 7 个处理平均蒸发总量为 17.53L，说明采用较小灌水定额进行滴灌，尽管灌水次数增多，灌溉频率提高，但对于抑制无效蒸发和节水而言，其效果明显。小灌水定额高频率灌溉虽然可能会使土壤表面一直处于较高的土壤水分状况，使土壤表面蒸发大部分时间处于蒸发的第一阶段，会加大地表蒸发量，但是由于小灌水定额形成的湿润土体比大灌水定额形成的湿润土体要小，同时小灌水定额在土壤表面形成的湿润范围也比大灌水定额小，有利于抑制地表无效蒸发，从试验结果看，后者对于蒸发作用明显大于前者，两者综合后结果是小灌水定额高频率灌溉更利于抑制地表的无效蒸发，从而节水效果明显。滴头流量对蒸发总量的影响不显著，而灌水定额对蒸发总量影响显著，在其他条件一致情况下，灌水定额越小，其蒸发量也会越少，因此在小流量微压滴灌中采用小灌水定额高频率灌溉的灌溉制度效果最好。

第三节 连续负压供水

为了避免灌水对土壤的影响，运用负压灌溉的基本原理，利用土壤吸力及植株主动吸水能力来补充土壤水分，避免喷灌和滴灌等灌溉弊端。以盆栽辣椒为研究对象，设 –5kPa、–10kPa 和 –15kPa 共 3 个处理，以人工浇水为对照。通过监测辣椒各生育期生长发育、养分吸收和生理特性，研究适宜辣椒生长发育的需水规律，探讨辣椒根系主动吸水机理，对辣椒节水灌溉具有重要意义。

一、辣椒耗水量、产量及水分利用效率

较对照而言，负压供水能维持土壤含水量在较稳定范围内，并且有效减少耗水量。不考虑水分失散及土壤含水量，耗水量随着负压的增大而增大，负压耗水量关系表现为：–5kPa>–10kPa>–15kPa，并且 –15 ～ –5kPa 绿熟期及前后两个时期均为耗水量较大时期，这可能是由于当负压在 –15 ～ –5kPa 时有效地调节了植株需水量，减少了叶面及棵间土面水分蒸腾。–15 ～ –5kPa 较对照有所降低，这是由于负压供水过程中，土壤水势较低，植物根系吸水速率降低，引起叶片含水量减小，叶水势降低，叶片保护细胞失水收缩，气孔导度减小，进而影响了植物的蒸腾。连续负压供水利用了辣椒耗水规律及土壤水分运移特征，实现了辣椒因需而供水的目的，有利于改善根系周边土壤水分环境，并且显著提高水分利用效率。在同一负压供水条件下，水分利用效率随着生育期的推进而降低。连续负压供水处理水分利用效率均明显高于对照，并且这一趋势随着负压的增高而增加，这可能是由于连续负压供水可维持根际土壤水分始终处于动态状态，减少了土壤表面蒸散和渗漏等无效水的消耗，避免了土壤养分因水分过多而产生无效流失，从而实现节水、节肥和高效的灌溉目的。

二、辣椒生长发育

常规人工浇水易造成土壤含水量及耗水量过大，从而造成辣椒同化物能

力降低，不利于辣椒的生长发育及产量形成。负压供水各处理辣椒长势及各器官干物质积累量均高于对照，并且负压在 –10 ～ –5kPa 范围内，显著提高干物质积累并促进辣椒生长，有利于辣椒果实产量的形成。对于辣椒生长发育而言，负压供水处理果实重量明显高于对照，当 –5kPa 时果实体积达到最大；在 –10 ～ –5kPa 范围内辣椒果个数积累最多。

三、辣椒生理指标

连续负压供水可以使土壤含水量维持在稳定范围内，为辣椒生理学机制方面的深入研究提供了前提条件。在负压为 –5kPa 处理下，硝酸还原酶活性及根际活力最高，可能是由于土壤水分运移过程较为活跃，活性氧产生与移动系统之间达到平衡，而 –10kPa 和 –15kPa 处理相对于 –5kPa 处理酶活性及根系活力较低，说明根际含水量较低土壤水分运移较慢。随着土壤含水量的上升，叶绿素及类胡萝卜素含量均增加。对照的土壤含水量大于其他负压供水处理，但对照的叶绿素及类胡萝卜素低于其他负压处理，可能由于负压供水下叶绿体受到水分供给的控制，扩大细胞孔，叶绿体变圆，叶面吸收转化营养的势能增加，促进植株进行光合作用，更有利于提高光能利用率。–5kPa 处理叶绿素含量明显高于 –10kPa 与 –15kPa 处理，说明 –10kPa 与 –15kPa 处理对辣椒造成了胁迫，导致叶绿素含量降低。从辣椒营养吸收而言，连续负压供水各处理的辣椒对养分元素吸收及利用高于对照，其中 –10 ～ –5kPa 范围内对氮素及钾素的吸收及利用最高。

四、辣椒品质影响

连续负压供水对辣椒品质积累影响较大。辣椒维生素 C 含量及辣椒素含量随着生育时期的推进而增加，同时随着负压的增大而增大，在红熟期辣椒维生素 C 含量及辣椒素含量各负压供水处理均达到最大值，其中 –5kPa 辣椒维生素 C 含量及辣椒素含量为各处理中最高值处理，这可能是由于供水方式的不同，采用连续负压供水根系感应水分胁迫后通过形态变大来适应环境，增强了根系活力，提高了水分和养分吸收速度，促进果实品质形成，并且有利于果实维生素 C 与辣椒素的积累。因此，连续负压供水可达到节水和高产，为辣椒生产提供一种新型的管理模式。

五、土壤养分含量及土壤酶活性

较对照而言，负压供水能维持土壤含水量在较稳定范围内，并且有效提高土壤酶活性及土壤养分。负压各处理土壤酶活性及土壤养分具体表现为：–5kPa>–10kPa>–15kPa，供水压力控制在 –15 ～ –5kPa，土壤酶及土壤养分含量均于完熟期达到最大值，过氧化氢酶、脲酶、蔗糖酶及磷酸酶较对照显著分别提高 4.46% ～ 30.23%、1.95% ～ 154.5%、1.65% ～ 22.49% 和 5.27% ～ 201.41%，速效磷、速效钾及碱解氮含量分别较对照显著提高 9.31% ～ 111.47%、2.83% ～ 33.38% 和 12.53% ～ 46.38%。说明当负压在 –15 ～ –5kPa 时，土壤水分得到有效利用，增强了土壤的透气性，刺激非根际土壤微生物生长和土壤腐殖质的分解，促进土壤养分的运移及转化。其中，–5kPa 处理的速效磷、速效钾及碱解氮含量分别较对照显著提高 39.69% ～ 114.47%、23.08% ～ 53.63% 和 21.21% ～ 46.85%；过氧化氢酶、脲酶、蔗糖酶及磷酸酶较对照分别显著提高 6.18% ～ 30.23%、27.84% ～ 154.5%、2.86% ～ 22.49% 和 66.89% ～ 201.41%，同时显著高于 –10kPa 和 –15kPa，这可能是因为此负压下使土壤水分运移速率加快，刺激微生物繁殖，微生物活动能够产生大量土壤酶，增加了土壤的碳源和氮源，快速分解并释放土壤有效养分，从而提高土壤养分对酶活性的促进能力。

六、土壤酶活性和土壤养分

不同土壤酶在土壤中的作用不同，在土壤专性作用及共性作用上也各不同。而典型相关分析结果表明，典型变量线性函数较为真实地反映了土壤酶活性综合因子和土壤养分综合因子之间相互影响的具体关系，这点与简单相关分析结果相似。但它与简单关系分析不同的是：它反映土壤酶活性综合因子和土壤养分综合因子之间的变异信息，说明典型相关分析比简单相关分析在更深层面上反映出了土壤酶和土壤养分因子之间的关系。而简单相关和典型相关的差异可能是由于在多个变量系统中，任意两个变量的线性相关关系都会受到其他变量的影响。从简单相关还是典型相关分析都可以看出，土壤酶在促进土壤养分的转化并不是单一孤立的，而土壤养分化合反应对土壤酶活性也有所影响，土壤酶与土壤养分为紧密联系。主成分分析表明，第一主成分累积方差贡献率最大，同时土壤养分因子和土壤酶因子的载荷均在第一主成分中最大，说明第一主成分对土壤综合肥力中起主要作用，同时反映了土壤的综合肥力。而第二主成分反映了土壤转化过程的部分特征，显著地表现了土壤理化性状，并且更深层次地反映土壤内部重要生理生化过程的变化。综合简单相关分析、典型相关分析和主成分分析可知，第一主成分线性函数式所表示的土壤酶及土壤养分因子对土壤综合肥力的影响结果最为突出。

七、辣椒地磷素分析

相比对照而言，负压供水能维持土壤含水量在较稳定范围内，辣椒各部分磷素利用效率均随着生育期的推进呈递增趋势。辣椒各部分器官磷素吸收量及磷素利用效率关系表现为：–5kPa>–10kPa>–15kPa，并且随着生育期的推进各处理呈递增趋势，这可能是由于负压供水过程中，土壤水势较低，促使磷素在土壤中充分扩散并移到根表，扩散速度加快，通过茎部快速转移到果实及叶部。辣椒各部分器官转运量及转运率随着生育期的推进而递增，开花坐果期以营养生长为中心，磷素主要分配在茎部和叶部，未熟期以后，生长中心逐渐转为营养生长与生殖生长并进，至绿熟期以生殖生长为主。随生长中心的转移，叶部、茎部和根部中的磷素部分转移至果实中，辣椒各部分器官磷转运量和转运率关系为：果实＞根部＞叶部＞茎部，说明各处理果实营养成分较高，其中当负压控制在 –10 ～ –5kPa 时效果较好。负压处理土壤速效磷含量具体表现为：–5kPa>–10kPa>–15kPa，供水压力控制在 –15 ～ –5kPa，变幅在 82.81 ～ 143.02mg/kg，平均值在 83.21 ～ 103.98mg/kg，较对照显著提高 22.96 ～ 43.73mg/kg，偏度系数均为正数，并且峰度系数较小，变异系数较对照高 3.21% ～ 10.31%，这说明当负压在 –15 ～ –5kPa 时土壤水分得到有效利用，增强了土壤的透气性，促进土壤养分运移及转化，并且可以表明在负压条件下，可使得土壤速效磷含量保持在稳定提升状态。各负压供水处理在土壤速效磷吸收高峰的含量上有所差异，错开了养分吸收高峰，具有合理分配养分特点，表现为速效磷养分吸收高峰后移程度不同，并且吸收强度随着负压的增强而逐渐加大。其中，–5kPa 处理的速效磷较对照有显著提高，同时显著高于 –10kPa 和 –15kPa，此负压下使土壤水分运移速率加快，快速分解并释放土壤有效养分，从而提高土壤养分转运能力。土壤辣椒各部分器官之间及与土壤速效磷之间均呈极显著正相关。

主要参考文献

陈建琦，2019. 微润交替灌溉下不同交替周期对土壤水分运移及蔬菜生长的影响[D]. 太原：太原理工大学.

陈建琦，申丽霞，王银花，等，2019. 微润灌溉条件下不同交替周期对室外辣椒生长的影响研究[J]. 节水灌溉(6):22-24，29.

陈平，杜太生，王峰，等，2009. 西北旱区温室辣椒产量和品质对不同生育期灌溉调控的响应[J]. 中国农业科学，42(9):3203-3208.

陈盛，2020. 链夹式辣椒钵苗移栽机设计与试验研究[D]. 长沙：湖南农业大学.

陈子平，王超，易小兵，等，2015. 不同灌水定额对辣椒生长效果的试验研究[J]. 广东水利水电(11):12-15.

程凤林，2010. 膜下滴灌灌溉定额及灌溉次数对辣椒生长及生理的影响[D]. 兰州：甘肃农业大学.

程凤林，颉建明，郁继华，等，2011. 甘肃干旱内陆区灌溉定额对土壤含水量和色素辣椒生长量的影响[J]. 甘肃农业大学学报，46(2):71-75.

程明，周继华，安顺伟，等，2011. 不同灌溉方式对辣椒生长、产量和水分生产效率的影响[J]. 中国蔬菜(Z1):92-95.

崔丙健，高峰，胡超，等，2019. 不同再生水灌溉方式对土壤－辣椒系统中细菌群落多样性及病原菌丰度的影响[J]. 环境科学，40(11):5151-5163.

邓文，2019. 秸秆－菇渣组合基质对三种蔬菜穴盘育苗的影响[D]. 合肥：安徽农业大学.

董思琼，2021. 生活再生水微灌对苜蓿和辣椒生长、产量和品质的影响[D]. 银川：宁夏大学.

董思琼，田军仓，沈晖，等，2021. 再生水滴灌对辣椒产量和品质的影响[J]. 宁夏工程技术，20(2):134-138.

高佳，2019. 膜下滴灌调亏对绿洲冷凉灌区辣椒生长、产量及品质的影响[D]. 兰州：甘肃农业大学.

高佳，张恒嘉，巴玉春，等，2019. 调亏灌溉对绿洲灌区膜下滴灌辣椒生长发育和产量的影响[J]. 干旱地区农业研究，37(2):25-31.

高佳，张宏斌，张恒嘉，等，2021. 绿洲灌区膜下滴灌调亏对辣椒品质及产量的影响[J]. 排灌机械工程学报，39(4):404-409.

巩芳娥，2011. 玉米秸秆与牛粪用作辣椒育苗基质的研究[D]. 兰州：甘肃农业大学.

郭媛姣，2019. 不同灌溉定额和种植方式对大田辣椒生长发育的影响研究[D]. 银川：宁夏大学.

韩广泉，刘慧英，徐巍，等，2013. 灌溉施肥技术对温室辣椒干物质积累及叶片光合特性的影响[J]. 北方园艺(21):48-52.

韩国君，黄海霞，褚润，等，2016. 沙漠绿洲隔沟交替灌溉辣椒的耗水特征及作物系数研究[J]. 中国农学通报，32(25):44-51.

韩金朝，冯俊杰，翟国亮，等，2024. 生育期连续水分亏缺对秋冬茬辣椒生长特性和品质的影响[J]. 灌溉排水学报，43(3):11-18.

韩长杰，肖立强，徐阳，等，2021. 辣椒穴盘苗自动移栽机设计与试验[J]. 农业工程学报，37(13):20-29.

郝和平，郑和祥，史海滨，等，2010. 不同灌水方式的辣椒灌溉制度设计[J]. 灌溉排水学报，29(1):121-124.

胡兰，2019. 插入式地下滴灌水分运移特征研究及在温室蔬菜栽培中的应用[D]. 北京：中国农业科学院.

胡青青，2016. 生物炭代替草炭用作辣椒育苗基质的应用研究[D]. 南京：南京农业大学.

胡显威，2020. 辣椒苗自动移栽机的设计与试验研究[D]. 乌鲁木齐：新疆农业大学.

黄海霞，2012. 干旱荒漠区辣椒耗水规律及对调亏灌溉的响应[D]. 兰州：甘肃农业大学.

黄海霞，韩国君，陈年来，等，2012. 荒漠绿洲调亏灌溉条件下辣椒耗水规律研究[J]. 自然资源学报，27(5):747-756.

黄海霞，韩国君，陈延昭，等，2013. 调亏灌溉对绿洲干旱环境下辣椒叶片光合特性的影响[J]. 干旱地区农业研究，31(4):108-113.

黄玉萍，马军勇，周建伟，等，2015. 不同灌溉定额对温室滴灌辣椒生长、产量及品质的影响[J]. 灌溉排水学报，34(11):52-55.

霍海霞，2008. 灌水控制上限对辣椒耗水及产量的试验研究[D]. 杨凌：西北农林科技大学.

霍海霞，牛文全，汪有科，等，2012. 灌水控制上限对辣椒生长及耗水量的影响[J]. 节水灌溉(8):1-3, 7.

贾体兵，2023. 辣椒苗自动移栽机取苗装置设计与试验[D]. 淄博：山东理工大学.

焦文娟，2021. 辣椒种植灌溉方式对比及灌溉制度设计分析[J]. 水科学与工程技术(1):57-60.

康小平，樊毅，李劲，等，2022. 不同微润灌溉处理方式对温室辣椒生长、产量和水分生产率的影响[J]. 四川水利，43(5):54-58.

孔德杰，张源沛，郑国保，等，2011. 不同灌水次数对日光温室辣椒土壤水分动态变化规律的影响[J]. 节水灌溉(6):14-15, 19.

雷菲，潘孝忠，张治军，等，2022. 灌溉施肥模式对海南辣椒产量和水肥利用的影响[J]. 灌溉排水学报，41(4):20-29.

李波，王铁良，张玉龙，等，2011. 日光温室小管出流条件下甜椒灌溉制度试验研究[J]. 中国农村水利水电(3):41-43, 50.

李道西，李自辉，刘增进，等，2016. 温室滴灌条件下辣椒耗水特性的研究[J]. 节水灌溉(10):44-46.

李迪，2017. 连续负压供水对辣椒生长发育及土壤养分的影响[D]. 大庆：黑龙江八一农垦

大学 .

李迪,龙怀玉,王宁,等,2018. 连续负压供水对辣椒种植土壤速效养分及酶活性的影响[J]. 中国土壤与肥料(4):21-27.

李琨,2010. 荒漠区日光温室有机生态型无土栽培辣椒滴灌灌水下限研究[D]. 兰州:甘肃农业大学 .

李丽,田彦芳,王耀生,等,2017. 根系分区交替灌溉与生物炭对土壤养分动态及设施甜椒产量和品质的影响[J]. 土壤通报,48(6):1462-1468.

李迷,2022. 苏南地区温室辣椒生长过程对水氮供应模式的响应试验及模拟研究[D]. 镇江:江苏大学 .

李尚蔚,2014. 非耕地温室膜下滴灌无土栽培辣椒试验研究[D]. 银川:宁夏大学 .

李煊,2018. 膜下滴灌调亏对河西绿洲辣椒生长特性及产量的影响[D]. 兰州:甘肃农业大学 .

李煊,张恒嘉,李福强,2017. 辣椒调亏灌溉研究现状综述[J]. 中国水运(下半月),17(11):185-186.

李应海,2022. 生活再生水灌溉对辣椒产量、品质及土壤离子的影响试验及数值模拟[D]. 银川:宁夏大学 .

梁鹏,2019. 不同微润灌溉模式下土壤水分运移特征及蔬菜生长状况研究[D]. 太原:太原理工大学 .

梁鹏,申丽霞,王银花,等,2018. 基于微润灌不同灌水方式对大棚辣椒生长的影响[J]. 节水灌溉(12):5-7,11.

刘佳,张玲丽,颉建明,等,2013. 干旱气候条件下灌溉方式与灌水定额对辣椒生长的影响[J]. 中国沙漠,33(2):373-381.

刘景霞,2010. 不同温度、光照和基质对辣椒幼苗生长的影响[D]. 长沙:湖南农业大学 .

刘学军,何宝银,张上宁,2010. 日光温室辣椒滴灌灌溉制度试验研究[J]. 水资源与水工程学报,21(2):60-62,67.

马甜,郭睿,范兴科,等,2012. 苗期土壤水分控制对线辣椒生长和水分利用效率的影响[J]. 灌溉排水学报,31(3):119-121.

马彦霞,王晓巍,张玉鑫,等,2021. 戈壁荒漠区基质槽培辣椒耗水特征及产量品质对水分调控的响应[J]. 灌溉排水学报,40(11):1-8.

马彦霞,王晓巍,张玉鑫,等,2022. 膜下调亏灌溉对戈壁荒漠区基质槽培辣椒光合特性的影响[J]. 西北农业学报,31(12):1597-1604.

马艳华,任秀娟,杨慎骄,等,2017. 负压供水下水氮耦合对温室辣椒品质及产量的影响[J]. 灌溉排水学报,36(5):17-20.

牛爽,2020. 微润灌溉施肥模式下压力水头对土壤氮素运移和蔬菜氮素利用的影响[D]. 太原:太原理工大学 .

潘渝,2014. 色素辣椒膜下滴灌灌溉制度试验研究[J]. 节水灌溉(2):14-16,21.

彭强,梁银丽,陈晨,等,2010. 土壤含水量对结果期温室辣椒生长及果实品质的影响[J]. 西北农林科技大学学报(自然科学版),38(1):154-160.

乔延丽，安进强，张芮，等，2015. 膜下滴灌水分调控对甜椒生长和产量的影响［J］. 水土保持学报，29（3）:237–241，248.

邱让建，刘春伟，徐金勤，等，2016. 灌溉水含盐量对辣椒产量品质及水分利用效率的影响［J］. 农业工程学报，32（10）:75–80.

沈富，2015. 痕量灌溉管埋深对沙培黄瓜、基质培西葫芦、土培辣椒生长发育的影响研究［D］. 银川：宁夏大学.

沈富，李建设，刘宏久，等，2015. 痕量灌溉管不同埋深对日光温室辣椒生长影响［J］. 节水灌溉（11）:19–23，32.

宋露露，2014. 淡化微咸水膜下滴灌非耕地温室辣椒和甜瓜试验研究［D］. 银川：宁夏大学.

孙华银，2008. 温室甜椒对水分胁迫的响应及水分亏缺诊断指标研究［D］. 杨凌：西北农林科技大学.

孙华银，胡笑涛，2015. 温室甜椒对不同灌溉方式的生理响应［J］. 干旱地区农业研究，33（3）:24–29.

陶君，2014. 宁夏日光温室辣椒、甜瓜不同微咸水膜下滴灌灌溉制度研究［D］. 银川：宁夏大学.

陶君，田军仓，李建设，等，2014. 温室辣椒不同微咸水膜下滴灌灌溉制度研究［J］. 中国农村水利水电（5）:68–72，80.

王超，陈子平，易小兵，等，2015. 不同灌水频率对辣椒生长效果的试验研究［J］. 广东水利水电（10）:25–28.

王高飞，刘鸿雁，邢丹，等，2022. 育苗基质添加辣椒秆生物炭对辣椒幼苗生长与养分的影响［J］. 西南农业学报，35（3）:543–549.

王高飞，邢丹，牟玉梅，等，2020. 生物炭型育苗基质对辣椒幼苗生长及养分含量的影响［J］. 农业工程技术，40（16）:18–20.

王锐，孙权，李建设，等，2010. 不同灌溉方式对宁南黄土丘陵区设施辣椒生长发育及产量的影响［J］. 干旱地区农业研究，28（5）:171–175.

王世杰，2017. 绿洲膜下滴灌调亏辣椒生长动态及水分产量效应研究［D］. 兰州：甘肃农业大学.

王世杰，张恒嘉，巴玉春，等，2018. 调亏灌溉对膜下滴灌辣椒生长及水分利用的影响［J］. 干旱地区农业研究，36（3）:31–38.

王世杰，张恒嘉，巴玉春，等，2018. 膜下滴灌调亏辣椒产量构成要素及水分生产函数研究［J］. 华北农学报，33（4）:217–225.

王世杰，张恒嘉，杨晓婷，等，2017. 水分胁迫及复水对绿洲膜下滴灌辣椒动态生长、产量及水分利用的影响［J］. 华北农学报，32（4）:215–224.

王银花，2019. 微润交替灌溉下不同压力水头对土壤水分运移及蔬菜生长的影响［D］. 太原：太原理工大学.

王银花，申丽霞，梁鹏，等，2018. 不同微润灌溉处理对室外辣椒生长的影响［J］. 节水灌溉（5）:11–13.

王银花，申丽霞，梁鹏，等，2018. 基于微润交替灌溉下不同压力水头对辣椒生长的影响［J］.

北方园艺(15):70–74.

吴玉秀,2023. 膜下滴灌条件下水氮耦合对辣椒根系生长及产量的影响[J]. 湖北农业科学,62(4):50–55,76.

向艳艳,2019. 负压灌溉对南方主要蔬菜作物生长及水分利用效率的影响[D]. 长沙:湖南农业大学.

向艳艳,黄运湘,龙怀玉,等,2019. 不同给水负压对辣椒生长及水分利用效率的影响[J]. 农业现代化研究,40(1):161–168.

谢彦如,2020. 不同基质配比及肥料用量对辣椒幼苗生长及产量的影响[D]. 乌鲁木齐:新疆农业大学.

徐桂红,2019. 再生水滴灌对辣椒和番茄生长、产量和品质的影响[D]. 银川:宁夏大学.

杨会颖,刘海军,李艳,等,2010. 不同水势对干制辣椒产量和水分利用效率的影响研究[J]. 南水北调与水利科技,8(1):88–91.

杨会颖,刘海军,李艳,等,2012. 膜下滴灌条件下土壤基质势对辣椒产量和水分利用效率的影响[J]. 干旱地区农业研究,30(1):54–60.

张林,2009. 小流量微压滴灌技术应用基础研究[D]. 杨凌:西北农林科技大学.

张林,范兴科,吴普特,等,2010. 小流量微压滴灌条件下作物生长试验研究[J]. 灌溉排水学报,29(2):65–68.

张玲丽,2010. 色素辣椒生长生理对膜下滴灌和畦灌下灌溉量的响应[D]. 兰州:甘肃农业大学.

张玲丽,郁继华,颉建明,等,2011. 灌溉量对露地辣椒产量及部分生理指标的影响[J]. 甘肃农业大学学报,46(1):63–68.

张妮,2023. 辣椒穴盘苗自动移栽机关键部件设计与试验[D]. 武汉:华中农业大学.

张少平,2022. 青椒采后贮藏与保鲜[M]. 北京:中国农业科学技术出版社.

张少平,2023. 青椒栽培模式及其在生产上的应用[M]. 北京:中国农业科学技术出版社.

张少平,李洲,鞠玉栋,等,2024. 鲜食辣椒采后品质劣变伴随膜脂过氧化反应研究进展[J]. 园艺学报,51(12):2945–2961.

张少平,李洲,练冬梅,等,2023. 青椒采后贮藏保鲜研究进展[J]. 食品科学,44(13):328–337.

张涛,2012. 全光照蔬菜育苗箱的设计与应用研究[D]. 郑州:河南农业大学.

张永胜,成自勇,薛翎燕,等,2009. 甜椒在非充分灌溉条件下的耗水特征及其与产量的关系[J]. 水资源与水工程学报,20(2):63–66.

张泽宇,2022. 不同调亏灌溉方案对温室辣椒生长、产量和品质的影响[D]. 杨凌:西北农林科技大学.

张志刚,尚庆茂,2014. 辣椒穴盘育苗播后灌溉施肥技术研究[J]. 西南农业学报,27(4):1568–1571.

赵晓伟,郭辉,赵占军,等,2015. 辣椒穴盘苗自动移栽机的设计及田间试验[J]. 甘肃农业大学学报,50(6):165–169.

赵园园,洪明,曲俊杉,等,2021. 灌水定额对和田滴灌日光温室辣椒生长、产量及品质的影响[J]. 水资源与水工程学报, 32 (6) :222-228, 235.

郑建华, 2014. 西北内陆旱区经济作物节水响应机理及灌溉制度优化模拟研究[D]. 北京: 中国农业大学 .

郑力文, 徐义军, 张勇, 等, 2018. 辣椒需水量研究概述[J]. 农业科学研究, 39 (4) :64-67.

周浩, 2008. 日光温室甜椒在不同灌溉方式下的水分效应研究[D]. 兰州: 甘肃农业大学 .

周茂娟, 2010. 地面覆盖和水分对温室辣椒生理特性及土壤环境的影响[D]. 杨凌: 西北农林科技大学 .

朱珺, 2024. 水分胁迫对辣椒生长发育和产量的影响及模拟模型构建[D]. 郑州: 河南农业大学 .

朱文超, 石建梅, 胡明文, 等, 2014. 三种灌溉方式对辣椒生长、产量和水分生产效率的影响[J]. 长江蔬菜 (22) :45-47.

朱文婷, 2021. 土壤水分下限和渗灌管埋深对辣椒生长发育的影响研究[D]. 银川: 宁夏大学 .

庄团结, 2021. 蔬菜潮汐式穴盘育苗营养液浓度及水分吸持特征的研究[D]. 北京: 中国农业科学院 .

AHMADI S Z, ZAHEDI B, GHORBANPOUR M, et al., 2024. Comparative morpho-physiological and biochemical responses of *Capsicum annuum* L. plants to multi-walled carbon nanotubes, fullerene C60 and graphene nanoplatelets exposure under water deficit stress[J]. BMC Plant Biol, 24(1):116.

ALMUKTAR S A, SCHOLZ M, 2016. Experimental assessment of recycled diesel spill-contaminated domestic wastewater treated by reed beds for irrigation of sweet peppers[J]. Int J Environ Res Public Health, 13(2):208.

Aragão J, Lima G S, Lima V L A, et al., 2023. Effect of hydrogen peroxide application on salt stress mitigation in bell pepper (*Capsicum annuum* L.) [J]. Plants (Basel),18(16):2981.

BOURAS H, DEVKOTA K P, MAMASSI A, et al., 2010. Unveiling the Synergistic Effects of Phosphorus Fertilization and Organic Amendments on Red Pepper Growth, Productivity and Physio-Biochemical Response under Saline Water Irrigation and Climate-Arid Stresses. Plants (Basel), 13(9):1209.

DEL AMOR F M, CUADRA-CRESPO P, WALKER D J, et al., 2024. Effect of foliar application of antitranspirant on photosynthesis and water relations of pepper plants under different levels of CO_2 and water stress[J]. J Plant Physiol, 167(15):1232-1238.

GENCOGLAN C, AKINCI I E, AKINCI S, et al., 2005. Effect of different irrigation methods on yield of red hot pepper and plant mortality caused by Phytophthora capsici Leon[J]. J Environ Biol, 26(4):741-746.

HOFFMANN A M, NOGA G, HUNSCHE M, 2015. Acclimations to light quality on plant and leaf level affect the vulnerability of pepper (*Capsicum annuum* L.) to water deficit[J]. J Plant Res, 128(2):295-306.

KHAZAEI Z, ESMAIELPOUR B, ESTAJI A, 2020. Ameliorative effects of ascorbic acid on tolerance to drought stress on pepper (*Capsicum annuum* L.) plants[J].Physiol Mol Biol Plants, 26(8):1649–1662.

Liu Y, Hu C, Li B, et al., 2021. Subsurface drip irrigation reduces cadmium accumulation of pepper(*Capsicum annuum* L.) plants in upland soil[J]. Sci Total Environ, 755(Pt 2):142650.

Maji A K, Banerji P, 2016. Phytochemistry and gastrointestinal benefits of the medicinal spice, *Capsicum annuum* L. (Chilli): a review[J]. J Complement Integr Med, 13(2):97–122.

Mohammed S, Hussen A, 2023. Influence of deficit irrigation levels on agronomic performance of pepper (*Capsicum annuum* L.) under drip at alage, central rift valley of Ethiopia[J]. PLoS One, 18(11):e0280639.

PINTÓ M M, TURON O M, GONZÁLEZ B A, et al., 2023.Improved production and quality of peppers irrigated with regenerated water by the application of 24–epibrassinolide[J]. Plant Sci,334:111764.

Refaay D A, Alhoqail W A, Senousy H H, 2022. Cyanobacteria–mediated immune responses in pepper plants against *Fusarium* wilt[J]. Plants (Basel), 11(15):2049.

ROMERO O C S, CONTARDO J V, BLOCK T, et al., 2014. Accumulation of microcystin congeners in different aquatic plants and crops–a case study from lake Amatitlán, Guatemala[J]. Ecotoxicol Environ Saf, 102:121–128.

SHAMS M, EKINCI M, ORS S, et al., 2019. Nitric oxide mitigates salt stress effects of pepper seedlings by altering nutrient uptake, enzyme activity and osmolyte accumulation[J]. Physiol Mol Biol Plants,25(5):1149–1161.

STERNER R T, SHUMAKE S A, GADDIS S E, et al., 2005. Capsicum oleoresin: development of an in–soil repellent for pocket gophers[J]. Pest Manag Sci, 61(12):1202–1208.

VALERO D, ZAPATA P J, MARTÍNEZ R D, et al., 2014. Pre–harvest treatments of pepper plants with nitrophenolates increase crop yield and enhance nutritive and bioactive compounds in fruits at harvest and during storage[J]. Food Sci Technol Int, 20(4):265–274.